22.3.2008

Weiterführend empfehlen wir:

Mit Persönlichkeit zum Verkaufserfolg
ISBN 3-8029-4638-3

Business Update!
ISBN 3-89623-329-7

Empfehlungs-Management
ISBN 3-89623-280-0

Der launische Konsument
ISBN 3-89623-325-4

Verkaufen ist wie Liebe
ISBN 3-8029-3250-1

Menschen gewinnen per Telefon
ISBN 3-89623-308-4

Das dynamische Duo: Kunde – Verkäufer
ISBN 3-89623-297-5

Trendbibel für Marketing und Verkauf
ISBN 3-89623-324-6

Erich-Norbert Detroy · Frank M. Scheelen

Jeder Kunde hat seinen Preis

Wie Sie individuell verhandeln, besser verkaufen, und Ihr Kunde sich gut fühlt

WALHALLA
FACHVERLAG

Bibliografische Information Der Deutschen Bibliothek
Die Deutsche Bibliothek verzeichnet diese Publikation in der Deutschen Nationalbibliografie; detaillierte bibliografische Daten sind im Internet über http://dnb.ddb.de abrufbar.

Zitiervorschlag:
Erich-Norbert Detroy/Frank M. Scheelen,
Jeder Kunde hat seinen Preis
Walhalla Fachverlag, Regensburg, Berlin 2005

Paperbackausgabe mit freundlicher Genehmigung des Metropolitan Verlages

Produktion: Walhalla Fachverlag, 93042 Regensburg
Umschlaggestaltung: Gruber & König, Augsburg
Druck und Bindung: Westermann Druck Zwickau GmbH
Printed in Germany
ISBN 3-8029-3359-1

Schnellübersicht

Schnellübersicht

Beziehungsmanagement – den Kunden als ganzen Menschen erfassen

Gratulation zu diesem Buch! Hier wird eindrucksvoll eine Thematik besprochen, die heutzutage mehr denn je der „Kittelbrennfaktor" eines jeden Unternehmens darstellt.

Das bestätigt auch eine deutschlandweite Studie, die die Zeitschrift *Capital* in Zusammenarbeit mit der Unternehmensberatung *Cap Gemini Ernst & Young* durchführen ließ. Das Ergebnis ist erschreckend: „Für den Kunden ist es meist reine Glücksache, ob er an einen kompetenten Berater oder einen Scharlatan gerät."

Heute werden nicht nur ausschließlich Produkte verkauft. Es geht um die Beziehung zum Kunden, um die intensive Auseinandersetzung mit seinen Wünschen und Bedürfnissen. Der Verkäufer entwickelt sich zum Beziehungsmanager und der Kunde zum Partner. Der Qualitätsfaktor Mensch ist entscheidend für die längerfristige Bindung des Kunden an die Dienstleistung des Unternehmens. Häufig klaffen jedoch noch große Lücken zwischen Anspruch und Wirklichkeit im Verkaufsalltag, wie ein Zitat aus der *Welt am Sonntag* vom 25. August 2002 verrät: „Dienstleistung und Kundenorientierung? Fehlanzeige! Wer in Deutschland Geld ausgeben will, muss es dem Einzelhandel regelrecht aufzwingen."

Offensichtlich haben wir uns bisher von falschen Prioritäten leiten lassen. Unser Ziel war es, maximalen Profit zu erzielen. Dafür haben wir ausschließlich auf die Zahlen geachtet. Natürlich wollen wir mehr Profit als andere erzielen, nur schaffen wir es nicht, indem wir die Zahlen in den Mittelpunkt stellen, wie das Clienting-Konzept darstellt: „Unser Geschäft ist es, mit allen Mitteln und Möglichkeiten zu helfen, dass unsere Kunden selbst bessere Geschäfte machen oder selbst besser leben können."

Dies muss die Fokussierung sein, unabhängig von Entwicklungen wie der des Internets: ein erfolgsorientiertes und allgemeingültiges Statement, wie meine Erfahrung im eigenen Unternehmen und auch bei anderen Unternehmen zeigt.

Wie kann dieses jedoch in einem Markt, der immer fragmentierter, paradoxer und zugleich eigendynamischer wird, umgesetzt werden? Die besten Gelegenheiten bieten sich, wenn man die Grundregeln ändert. Heute kann ein Unternehmen nur dann noch erfolgreich sein, wenn es eine Beziehung mit seinen Kunden eingeht. Getreu der Clientinglehre muss es das Ziel sein, Beziehungsnetzwerke zu Kunden und potenziellen Kunden aufzubauen, um mit deren Hilfe die zunehmende Komplexität, Widersprüchlichkeit und Dynamik auf Markt- und Kundenseite in den Griff zu bekommen.

Ein Unternehmen muss sich die Mühe machen, potenziellen Kunden im Informationsdschungel zu helfen und ihre individuellen Wünsche ganz besonders zu berücksichtigen. Der Kunde darf während der Informationssammlung nicht den Preis als einziges Merkmal des Unternehmens wahrnehmen. Ihm müssen vielmehr alternative Lösungen vorgelegt werden.

Betrachten Sie den Kunden nicht als Interessenten für ein bestimmtes Produkt oder eine Dienstleistung, sondern als einen „ganzen" Menschen mit verschiedenen Interessen. Auch wenn ein Kunde keinen Bedarf hat, etwas zu kaufen, sammelt er unbewusst Informationen, auf die er – auch ohne Werbeimpuls – zurückgreift. Daher muss ein Kunde bereits dann für eine Idee sensibilisiert werden, wenn noch kein konkretes Interesse besteht.

Unternehmen müssen in der Zukunft, um erfolgreich zu sein, den Kunden in den Fokus ihrer Handlungen stellen. Produktdenken wird damit in Zukunft durch individuelles Kundendenken ersetzt. Die Investition von Zeit und Energie in den Kunden ist daher die einzige Chance zu dauerhaftem Geschäft.

Nutzen auch Sie, wie ich, diese Methode, die in diesem Buch beschrieben wird, denn die beiden Autoren Frank M. Scheelen und Erich N. Detroy sind Experten zu diesem Thema und tragen darin ihre langjährige Erfahrung zusammen.

Viel Erfolg wünscht Ihnen Ihr

Edgar K. Geffroy

Der Preis ist heiß – bleiben Sie cool!

Eben noch war die Atmosphäre locker und entspannt. Sie haben Ihrem Kunden Fragen gestellt, seinen Bedarf geklärt, Ihr Produkt präsentiert. Alles schien gut zu laufen. Doch nun beginnt die entscheidende Phase. Es geht um den Preis. Plötzlich treten Spannungen auf. Der Kunde wird schwierig. Sie fühlen sich unsicher. Ist Ihr Preis zu hoch? Wie viel Rabatt müssen Sie geben? Will er überhaupt kaufen?

Kommt es zum Preisgespräch, verlieren viele Verkäufer ihre Souveränität. Sie fürchten die Kraftprobe mit dem Kunden. Ihren inneren Zwiespalt, einerseits verkaufen zu wollen, andererseits nicht zu jedem Preis, spürt der Kunde. So mancher läuft dann zur Hochform auf und wird richtig „eklig". Sie wittern Preisnachlässe und lassen den Verkäufer spüren, dass sie, wie sie glauben, am längeren Hebel sitzen.

Sie sitzen aber nicht am längeren Hebel. Im Preisgespräch geht es nicht darum, dass eine Seite gewinnt und die andere verliert – auch wenn manchmal dieser Eindruck entsteht. Letztlich entscheidet nicht der Preis über den Kauf.

Ob Ihr Kunde kauft oder nicht, hängt davon ab,

- ob er den Nutzen für sich erkennt,
- ob er von der Qualität Ihrer Produkte überzeugt ist,
- ob er Ihren Service gut findet, und
- ob er mit Ihnen eine langfristige Geschäftsbeziehung beginnen möchte.

Vor allem aber hängt der Kauf von einem Faktor ab:

- ob Sie eine richtige Beziehung zum Kunden aufgebaut haben und ihn so behandeln, wie es seinem Typ entspricht.

Denn jeder Kunde ist anders. Das wissen Sie aus eigener Erfahrung. Der eine kauft, wenn Sie ihn „gewinnen" lassen und ihm einen „ganz speziellen" Rabatt einräumen. Der andere kauft, weil er Ihr Produkt so einmalig findet, dass er gerne bereit ist, dafür auch mehr zu bezahlen. Es ist nie der Preis, der entscheidet. Sonst würden nicht so viele Menschen teure Produkte kaufen, die sie woanders billiger kriegen könnten. Die Menschen wollen etwas Besonderes, keine „Billigware". Und das hat eben seinen Preis. Nur was sie als besonders empfinden, das ist verschieden. Je nach ihrer Persönlichkeit haben Menschen ganz eigene Motive, die letztlich für den Kauf den Ausschlag geben. So hat auch jeder Kunde seinen Preis. Er entscheidet, was für Ihn einen Nutzen darstellt, für den er bereit ist, sein Geld auszugeben. Was dieser Nutzen ist, ist von Typ zu Typ verschieden. Für den einen ist es ein Produkt, das sein Image erhöht. Für den anderen eines, das qualitativ hochwertig ist. Für den Dritten eines, das sein Lebensgefühl steigert. Ihre Argumentation muss auf diesen Nutzen abzielen – was bedeutet, dass Sie erst einmal erkennen müssen, aus welchen Motiven Ihr jeweiliger Kunde kauft. Wenn Sie diese Beweggründe kennen, verliert das Preisgespräch seinen Schrecken. Denn dann können Sie entsprechend argumentieren. Der Kunde erkennt seinen Nutzen und ist bereit dafür zu bezahlen.

Nun ist es aber nicht so, dass jeder Mensch völlig eigene Kaufmotive hat. Sie müssen nicht mit jedem Kunden „neu" anfangen. Die Erfahrung lehrt, dass die Menschen sich in bestimmte Typen einteilen lassen, die sich in ihren Verhaltensweisen, Werten und Beweggründen ähneln. Sie sind deshalb nicht alle gleich, aber eben doch sehr ähnlich. Wenn Sie also wissen, was für ein Typ Ihr Kunde ist, können Sie ihn wesentlich schneller verstehen. Sie wissen, was ihm wichtig ist und wie Sie ihn dazu motivieren können, Ihren Preis zu bezahlen. Sie können bereits im Vorfeld eine gute Beziehung zum Kunden knüpfen, die Sie sicher durch das Preisgespräch trägt.

Der Preis ist heiß – bleiben Sie cool!

Genau darum geht es in diesem Buch. Deutschlands Preisprofi Nummer 1, Erich-Norbert Detroy und Frank M. Scheelen, Bestseller-Autor, Business-Coach und exklusiver Lizenzträger von INSIGHTS MDI by Scheelen® haben ihr geballtes Wissen vereint. INSIGHTS bietet eine bewährte Methode, mit der Menschen in bestimmte Persönlichkeitstypen eingeteilt werden. Sie wird von führenden Unternehmen bereits sehr erfolgreich im Verkauf eingesetzt. Hier wird diese Methode erstmals in einem Buch auf das Preisgespräch bezogen. Sie erfahren, welche „typischen" Preisgespräche Sie von jedem Persönlichkeitstypen zu erwarten haben. Und auch, wo die Fallen Ihres eigenen „Typs" liegen, die womöglich im Preisgespräch zuschnappen. Mit Hilfe des umfangreichen Preis-Know-hows von Erich-Norbert Detroy erhalten Sie praktische und anwendbare Strategien, wie Sie mit den verschiedenen Typen am besten umgehen und Ihren Preis überzeugend und souverän vertreten können.

Ihre nächsten Preisgespräche können Sie gelassen angehen. Denn Sie wissen: Jeder Kunde hat seinen Preis. Und Sie die Fähigkeit diesen zu erkennen.

Frank M. Scheelen
Erich-Norbert Detroy

Ihre Beziehung zum Kunden – die Basis für das Preisgespräch

1

1. Die Persönlichkeit des Verkäufers entscheidet

Früher mussten Verkäufer vor allem eines beherrschen: die Techniken des „Hardselling" – also Tricks und Strategien, mit denen die Ware möglichst umgehend an den Mann oder die Frau gebracht wird. Die Person des Verkäufers galt als unwichtig, seine sozialen Kompetenzen als Nebensache.

Das hat sich grundlegend geändert. Heute sind die Kunden anspruchsvoller geworden. Sie erwarten vom Verkäufer nicht nur, dass er ihnen einwandfreie Produkte verkauft. Das ist selbstverständlich. Kunden erwarten heute, dass der Verkäufer ihnen als Berater zur Seite steht.

Verkäufer sollen Problemlöser sein, mit der Fähigkeit, sich in die Situation des Kunden einzudenken, zu verstehen, was er braucht und eine individuelle Lösung mit ihm zu erarbeiten. Besonders bei preislich hochwertigen oder komplizierteren Produkten und Leistungen sind diese Kompetenzen des Verkäufers ausschlaggebend.

Das bedeutet: Heute steht die Person des Verkäufers im Vordergrund. Produkte und Leistungen unterscheiden sich heute nicht mehr fundamental, die Konkurrenz ist, was die Qualität betrifft, meist ebenbürtig. Der Unterschied liegt darin, *wie* verkauft wird. Die Persönlichkeit des Verkäufers ist entscheidend.

Das gilt für den gesamten Verkaufsprozess. In jeder Phase muss der Verkäufer verschiedene Kompetenzen einsetzen können. Sie kennen wahrscheinlich das Verkaufsmodell als umgekehrte Pyramide. Es spiegelt die Bedeutung wider, die die einzelnen Phasen für den Abschluss eines Geschäfts haben:

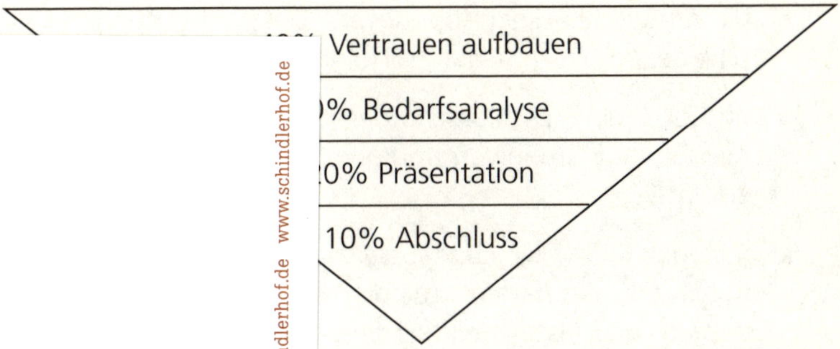

Anhaltspunkte, die zeigen, worauf es im ankommt: Der Beziehungsaufbau ist der timmt der Vertrauensaufbau nicht, ent- vischen Ihnen und Ihrem Kunden, so fehlt Grundlage für den weiteren Verkaufspro- stark im Abschluss sein: Ohne gute Bezie- – jeder versteht natürlich etwas anderes darunter – wird dieser das Geschäft am nächsten Tag stornieren, wenn er beim Abschluss ein unangenehmes Gefühl hat und Sie ihm dieses nicht nehmen konnten.

Unangenehme Gefühle verspüren meist Verkäufer, sobald es ans Preisgespräch geht. Aber das Verkaufsmodell zeigt auch: Das ist völlig unnötig. Vor dem Preisgespräch brauchen Sie keine Angst zu haben. Haben Sie eine gute Vorarbeit geleistet, wird das Geschäft in dieser Phase nicht scheitern. Ein Abschluss scheitert nie am Preis. „Zu teuer" ist nur ein Vorwand. Schützt der Kunde den Preis vor, dann ist er in Wirklichkeit nicht überzeugt und begeistert. Was im Umkehrschluss bedeutet: Sie konnten ihn nicht überzeugen und nicht begeistern. Irgendwie haben Sie nicht den richtigen Draht zu ihm gefunden. Sie haben seine Motive nicht verstanden und nicht seine Sprache gesprochen.

Hans-Christian Altmann zitiert in seinem Bestseller „Kunden kaufen nur von Siegern" Untersuchungen, die belegen, dass

- die emotionale Begeisterung auf Seiten der Kunden entscheidend für den Verkaufserfolg ist,
- nur 33% der Abschlüsse in der Industrie und nur 21% im Konsum auf Grund vernünftiger und rationaler Argumente erfolgten,
- dagegen 66% aller Abschlüsse in der Industrie und 78% im Konsum Erfolg hatten, weil die Verkäufer ihre Kunden begeistern und faszinieren konnten.

Um Ihren Kunden zu begeistern, müssen Sie ihn verstehen. Sie müssen wissen, was seine Kaufmotive sind. Erkennt der Kunde seinen Nutzen, dann macht auch ein hoher Preis für ihn Sinn. Wie also machen Sie ihm Ihr Produkt oder Ihre Leistung schmackhaft? Wie begeistern Sie ihn für Ihren Preis?

2. Verkaufen Sie an „alte Bekannte"

Die Zauberformel im Verkauf heißt: Bekanntes zieht an. Ihr Kunde muss das Gefühl haben, Sie kennen ihn schon lange. Sie verstehen ihn. Sie wollen das Beste für ihn. Und das hat nun mal seinen Preis. Es geht also darum, eine vertraute und vertrauensvolle Beziehung zu Ihrem Kunden herzustellen. Der Schlüssel zum Preisgespräch liegt in der Beziehung, die Sie im Vorfeld zum Kunden hergestellt haben. Das stellt hohe Anforderungen an Ihre Beziehungskompetenz. Denn tatsächlich ist es ja so, dass wir keineswegs mit jedem Menschen, der uns begegnet, zurechtkommen, geschweige denn in eine harmonische Beziehung treten.

Bisher galt immer als goldene Regel: „Behandle andere so, wie du selbst behandelt werden willst." Aber woher wissen Sie denn, dass andere die gleichen Vorlieben haben wie Sie selbst? Sicherlich gibt es viele Menschen, mit denen Sie spontan hervorragend zurechtkommen und sich verstehen. Aber mit Sicherheit treffen Sie auf weitaus mehr Menschen, zu denen Sie auf Anhieb keinen Draht finden. Das ist völlig normal und bedeutet: Wenn Sie die Menschen so behandeln, wie Sie selbst behandelt werden wollen, kommen Sie damit bei vielen Menschen überhaupt nicht an. Die goldene Regel bewirkt dann genau das Gegenteil: Sie steht Ihrer effektiven Kommunikation mit anderen im Wege.

Der Verhandlungsexperte Tony Alexandra schlägt deshalb vor, die goldene Regel durch die Platin-Regel zu ersetzen. Sie lautet: Behandle andere so, wie diese gerne behandelt werden wollen. Der Maßstab ist also nicht mehr die eigene Person, sondern die Person des Gegenüber. Die Platin-Regel erfordert die Fähigkeit, sich auf den anderen einstellen zu können. Nur das garantiert Ihnen, dass Sie wirklich in eine gute Beziehung mit ihm treten können.

Praxis-Tipp:

Neue Regel für Ihren Umgang mit Menschen

Statt der goldenen Regel – „Behandle andere so, wie du gerne behandelt werden möchtest" – gilt heute die Platin-Regel: „Behandle andere so, wie sie gerne behandelt werden wollen."

Natürlich ist das nicht leicht. Überlegen Sie einmal, bei welchen Menschen Sie am ehesten Schwierigkeiten haben. Wahrscheinlich sind das Menschen, die völlig anders als Sie selbst gestrickt sind, deren Art Ihnen so fremd ist, dass Sie sich im Kontakt mit ihnen nicht locker und souverän fühlen, sondern verunsichert und befremdet. Das ist normal. Mit „seinesgleichen" kommt jeder von uns am besten aus. Meist suchen wir uns deshalb auch Freunde und Bekannte, die uns in ihrer Art ähneln: „Gleich und Gleich gesellt sich gern", sagt ein Sprichwort treffend. Menschen, die „anders" sind, meiden wir, weil wir mit ihnen nicht gut zurechtkommen.

Aber als Verkäufer können Sie sich das nicht leisten. Wollen Sie gute Geschäfte machen, dann muss es Ihnen gelingen, auch mit Menschen eine Beziehung aufzubauen, die ein anderer Persönlichkeitstyp sind als Sie selbst, und diese Menschen so zu behandeln, wie sie gerne behandelt werden möchten. Das ist keine Kunst. Das können Sie lernen, wenn Sie wissen, was für grundsätzliche Persönlichkeitstypen es gibt und wie diese gerne behandelt werden möchten. Im gesamten Verkaufsprozess und ganz speziell im Preisgespräch.

3. Vier grundsätzliche Persönlichkeitstypen

Die INSIGHTS Methode® beruht auf der Annahme, dass Menschen in bestimmte Persönlichkeitstypen eingeteilt werden können. Das heißt nicht, dass sie Ihre Individualität verlieren. Natürlich ist jeder Mensch ein Individuum mit seinen ganz persönlichen Charaktereigenschaften. Aber es gibt Ähnlichkeiten. Es lassen sich Gemeinsamkeiten im Verhalten bestimmter Menschen feststellen, die sie deutlich von anderen unterscheiden. Es gibt die eher Ruhigen und Zurückhaltenden, die wochenlang grübeln, ehe sie die Entscheidung treffen, ihr Geld für ein neues Auto auszugeben, und es gibt die Spontanen und Schnellen, die sich innerhalb eines Tages für ein neues Auto entscheiden und nicht lange „rummachen" wollen. Ohne oberflächlich zu sein, kann man menschliche Verhaltensweisen verallgemeinern und bestimmten Typen zuordnen. Das erleichtert es, mit diesen Menschen umzugehen. Sie werden „berechenbarer" und man kann sich auf ihr Verhalten einstellen.

Die INSIGHTS Methode® unterscheidet vier Grundtypen, die in ihrem Verhalten, ihrer Kommunikationsweise und ihren Werten deutlich verschieden sind. Um sie einprägsam voneinander abzuheben, hat man ihnen vier Farben zugewiesen:

- *Der Rote:* Er ist der Macher, eine Autorität, jemand, der immer am Steuer sitzen muss – und einem im Preisgespräch ganz schön den Schneid abkaufen kann.
- *Der Gelbe:* Er ist der Entertainer, immer lustig und fröhlich, mit dem man leicht in Kontakt kommt – und den Kontakt ebenso leicht wieder verliert. Im Preisgespräch weiß man nie so genau, ob er wirklich kaufen will.
- *Der Grüne:* Er ist der Beziehungstyp und Ihr treuester Kunde. Geht es ums Geld, hält er sich misstrauisch bedeckt, aber wenn Sie sein Vertrauen gewonnen haben, zahlt er jeden Preis.
- *Der Blaue:* Er ist der Analytiker, der auf Qualität und Details Wert legt und Ihnen mit endlosen Fragen die Nerven raubt – und nicht nur da: Im Preisgespräch wird er hartnäckig Rabatte verhandeln.

Die Einordnung in Typen bedeutet keinerlei Wertung! Der Rote ist nicht besser als der Blaue, der Grüne nicht besser als der Gelbe. Die Methode beschreibt lediglich das Verhalten der vier verschiedenen Grundtypen.

Möglicherweise sträuben Sie sich innerlich dagegen, einem bestimmten Farbtypus zugeordnet zu werden. Sie wollen nicht in einer „Schublade" landen. Das ist aber auch nicht Sinn der Sache. Eine Reduzierung auf bestimmte Typen wird selbstverständlich der Vielfalt Ihrer Persönlichkeit nicht gerecht. Aber dennoch gibt es bestimmte Eigenschaften, Vorlieben, Überzeugungen, Werte, Ängste und Motivationen, die bestimmte Typen miteinander verbinden. Das werden Sie aus Ihrer Menschenkenntnis heraus wissen. Und das haben all die genannten Wissenschaftler und viele darüber hinaus mit ihren Forschungen bestätigt.

Was bringt die Einordnung in Typen?

- *Orientierung:* Sie können rasch herausfinden, mit welchem Menschen Sie es zu tun haben, was seine Überzeugungen und Werte sind.
- *Verständnis:* Sie können die Verhaltensweisen Ihrer Mitmenschen besser verstehen, wenn Sie wissen, welche Bedürfnisse die einzelnen Typen haben. Sie können Vorhersagen treffen, wie sich die jeweiligen Typen in bestimmten Situationen, zum Beispiel im Preisgespräch, verhalten werden.
- *Verständigung:* Sie können auf die Bedürfnisse der verschiedenen Typen angemessen eingehen und so dazu beitragen, dass Gespräche, besonders im Verkauf, reibungslos verlaufen. Sie können mit anderen Menschen so umgehen, wie es deren Typ entspricht. Sie sprechen deren Sprache und argumentieren so, dass es bei ihnen ankommt.
- *Selbsterkenntnis:* Wenn Sie wissen, was für ein Typ Sie selbst sind, verstehen Sie auch, wie Sie auf andere Menschen wirken. Und können, je nach Situation, Ihr Verhalten ändern, wenn Sie das für angemessen halten. Sie lernen Ihre eigenen Stärken besser kennen und können sie gezielter einsetzen. Ebenso können Sie mit Ihren Schwächen bewusster umgehen.

Jeder der vier Farbtypen des INSIGHTS-Modells kann sich ärgern, sich freuen, analysieren, spontan handeln, Entscheidungen treffen – aber sie können es in unterschiedlichem Ausmaß. Während der Rote ohne Probleme sofort eine Entscheidung trifft (nicht immer die richtige), zögert und zaudert der Blaue und sucht nach endlosen Informationen, auf Grund derer er zu einer Entscheidung gelangt (meist die richtige, aber viel zu spät). Die vier Farbtypen unterscheiden sich also in dem Ausmaß, in dem sie zu unterschiedlichen Verhaltensweisen neigen. Wenn Sie diese Ausprägungen kennen und Ihre Mitmenschen daraufhin beobachten, werden Sie sie bald rasch einordnen und besser mit ihnen umgehen können.

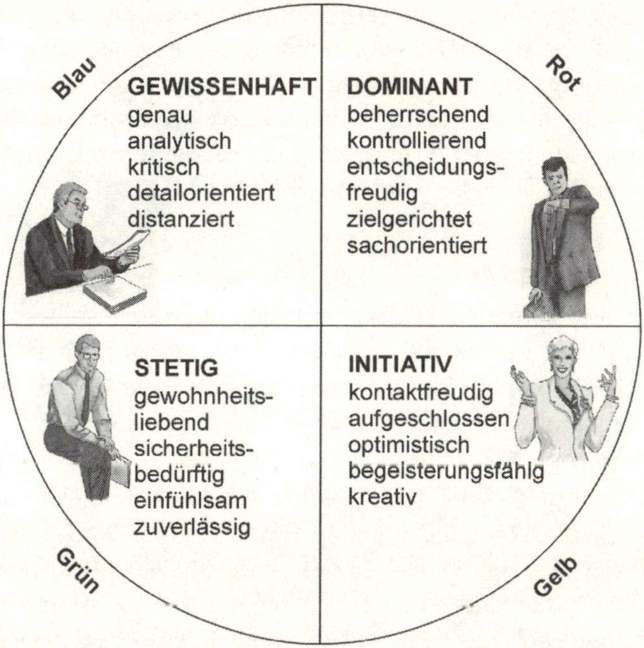

Auf diese Typen werden wir im Folgenden noch ausführlicher eingehen. Interessant ist aber nicht nur, was für ein Typ Ihr Kunde ist. Interessant ist auch, was für ein Typ Sie selbst sind. Gelbe Kunden mögen Ihnen liegen, weil Sie selbst ein gelber sind. Wenn Sie das wissen, dann verstehen Sie auch, warum Sie Mühe haben, mit einem blauen Kunden in einen guten Kontakt zu kommen. Aber Sie können sich einstellen. Auch Gelbe können gute Beziehungen zu „blauen" Menschen führen, wenn sie die Stärken und Schwächen beider Typen kennen und tolerieren.

Mischtypen

Sie werden jetzt zu Recht einwenden: Die meisten Menschen sind doch keine rein Roten, Gelben, Grünen oder Blauen. Jeder von uns hat Eigenschaften von allen vier Typen, nur eben in unterschiedlicher Ausprägung. Es mag allerdings schwer vorstellbar sein, dass es Menschen gibt, die ebenso Wesenszüge eines Roten aufweisen wie solche eines Grünen. Das kommt in der Tat selten vor, ist aber möglich. Häufiger ist, dass Menschen Eigenschaften und Verhaltensweisen von zwei oder drei benachbarten Typen haben. Nachfolgend stellen wir Ihnen ein paar Beispiele für die vier Grundtypen sowie für häufig zu beobachtende Mischtypen vor.

Direktor (rot)

Er ist der rein rote Typ. Eine echte Führungskraft, die anderen sagt, was gemacht werden soll – auch wenn er das gar nicht zu sagen hat. Bei einem roten Kunden wissen Sie immer, woran Sie sind. Er wird Ihnen ohne Umschweife sagen, wenn ihm Ihr Produkt nicht gefällt – was kein Nachteil sein muss, denn dann verlieren Sie keine Zeit. Denn wenn er nicht will, können Sie ihn auch nicht überzeugen. Will er aber, dann meistens ohne langes Zögern. Entscheidungen fällt er gerne. Das ist ein Vorteil: Preisgespräche dauern meist nicht sehr lange. Er wird versuchen, etwas für sich herauszuschlagen, denn in seinem Selbstbild ist er immer der Gewinner. Aber dann schlägt er auch bald ein, denn wenn er Ihr Produkt wirklich haben will, ist ihm der Preis nicht so wichtig. Als roter Verkäufer sind Sie stark im Abschluss, aber schwach im Beziehungsaufbau. Der Mensch an sich interessiert Sie nicht so sehr, Ihr Interesse gilt dem Geschäft.

Motivator (rot-gelb)

Der Motivator hat starke rote, aber auch starke gelbe Anteile. Er ist sehr zielorientiert, nicht nur auf sich, sondern auch auf seine

Umgebung bezogen. Dazu kann er andere hervorragend motivieren. Denn im Gegensatz zum Direktor kommt er mit anderen Menschen leicht und gut in Kontakt. Ein rot-gelber Kunde ist angenehm im Umgang; Geschäfte mit ihm sind leicht zu tätigen. Ein rot-gelber Verkäufer ist zwar kontaktstark, aber redet unter Umständen seine grünen und blauen Kunden in Grund und Boden.

Inspirator (gelb)

Er ist quietschgelb und damit am liebsten immer unter Menschen – und dabei immer im Mittelpunkt. Er redet gerne und viel, kann hervorragend präsentieren, aber manchmal an den Kundenbedürfnissen vorbei. Er ist ein guter Unterhalter und Stimmungsmacher, weshalb er meist sehr beliebt ist und viele Leute kennt. Aber seine Gegenwart kann auch ermüden, da er immer nach Spaß und Abwechslung sucht und tiefer gehende Gespräche meidet. Im Preisgespräch ist er ein angenehmer Partner, da er Geld mit leichter Hand ausgibt, vor allem, wenn man ihm die Sache persönlich schmackhaft gemacht hat. Als Verkäufer vergisst er vor lauter Reden und guter Stimmung, gelegentlich den Abschluss zu machen. Preisgespräche sind ihm unangenehm, da sie die gute Stimmung verderben können.

Berater (gelb-grün)

Der Berater ist einerseits gelb, andererseits grün. Das macht ihn zu einem offenen und geselligen Menschen, der aber im Gegensatz zum Inspirator die Fähigkeit hat, auf andere einzugehen, zuzuhören und ihre Bedürfnisse herauszufinden. Deshalb ist er meist ein sehr guter Verkäufer – aber schlecht im Preisgespräch. Da er oft die Angelegenheiten der anderen für wichtiger hält als seine eigenen, kann es sein, dass das Geschäft auf seine Kosten geht und er zu viel Rabatt nachlässt. Er konfrontiert nicht gerne und kann schlecht „letzte“ Angebote machen. Berater als Kunden sind angenehme Gesprächspartner, sobald sie sich geöffnet haben. Sie „fremdeln“ anfangs etwas; daher ist das A und O für das Preisgespräch, das Vertrauen gelb-grüner Kunden zu gewinnen. Wenn sie merken, dass man sie nicht übers Ohr hauen will, dann sind sie bereit, auch höhere Preise zu zahlen.

Unterstützer (grün)

Er ist der rein grüne Typ. Er braucht ein überschaubares, vertrautes Umfeld, das sich wenig verändert. Er hat Schwierigkeiten, sich zu entscheiden und große Angst, bei Entscheidungen etwas falsch zu machen. Deshalb sind Preisgespräche mit rein grünen Typen nicht leicht, vor allem für entscheidungsstarke Typen. Ohne Beziehung geht gar nichts. Er kauft das beste Produkt lieber gar nicht als von einem Verkäufer, von dem er sich nicht respektiert fühlt. Grüne Verkäufer sind am besten in der Stammkundenpflege, denn sie können hervorragend Beziehungen pflegen. Preisgespräche gehören nicht gerade zu ihren liebsten Tätigkeiten, denn sie wollen andere nicht übervorteilen und haben Angst, selbst über den Tisch gezogen zu werden.

Koordinator (grün-blau)

Der grüne und der blaue Typ fließen hier ineinander. Ein Koordinator ist gut organisiert, er durchdenkt seine Arbeit sehr genau und liebt alles, wofür er Pläne, Strukturen und Organigramme verfassen kann. Aber sein grüner Anteil sorgt dafür, dass er in dieser Arbeit nicht versinkt, sondern auch in Kontakt mit anderen Menschen steht. Allerdings sucht er sich diese Menschen gut aus, er pflegt wenige, dafür aber intensive Kontakte. Als Kunde im Preisgespräch wird er mit klaren Preisvorstellungen an die Sache herangehen. Schaffen Sie es, eine gute Beziehung zu ihm aufzubauen, dann können Sie vernünftig mit ihm verhandeln. Schaffen Sie das nicht, wird es ein zähes Ringen werden. Ein Verkäufer vom Typ Koordinator wird im Preisgespräch genaue Erklärungen parat haben, warum was wie viel kostet. Für manche Kundentypen braucht er damit viel zu lange ...

Beobachter (blau)

Er ist der eisblaue Typ. Oft wirkt er auch so: ungerührt, mit sich und seinen Themen beschäftigt, ohne groß an anderen Anteil zu nehmen. Er ist ein Denker, der gerne maßgeschneiderte Lösungen ausarbeitet. Nur mit deren Präsentation tut er sich schwer, vor allem, wenn er dazu wenig Zeit hat. Ebenso ist es im Preisgespräch: Er neigt dazu, wenig flexibel zu sein. Er geht zu sehr von der Sache und zu wenig von der Person aus und tut sich schwer, Zugeständnisse zu machen, die er sich vorher nicht genau überlegt hat.

Reformer (blau-rot)

Der Reformer schließlich ist teilweise ein blauer, teilweise ein roter Typ. Das bedeutet, dass auch er gerne abstrakt denkt und klare Vorstellungen entwickelt. Aber er verliert dabei nicht sein Ziel aus den Augen, wie es beim Beobachter der Fall sein kann. Er schreckt vor harten Verhandlungen über den Preis nicht zurück, vergisst allerdings manchmal, dass ihm da ein Mensch gegenüber sitzt. Das gilt für Kunden wie Verkäufer gleichermaßen.

Entwickeln Sie Beziehungs-Kompetenz

Beziehungskompetenz setzt voraus, dass Sie sich selbst und Ihre Wirkung auf andere kennen und gleichzeitig wissen, was andere Menschen brauchen, um sich im Kontakt mit Ihnen wohl zu fühlen. Auch ein Gelber kann sich, ohne seine Authentizität zu verlieren, auf einen Blauen einstellen. Er kann, auch wenn es „eigentlich" nicht seine Art ist, die Geduld aufbringen, die Fragen des

Blauen zu beantworten. Denn er weiß, dass dieser Typ Zeit braucht. So kann er eine Atmosphäre erzeugen, in der sich der Blaue verstanden und respektiert fühlt.

Jeder Typ braucht eine andere Art von Beziehung. Ein Roter mag keine innigen Kontakte und ein Blauer mag es nicht, wenn Sie ihm freundschaftlich auf die Schulter klopfen. Das können Sie bei einem Gelben problemlos tun. Sie können ebenso schnell ins Fettnäpfchen treten, wenn Sie das Falsche tun, wie Sie den Kunden für sich gewinnen können, wenn Sie das Richtige tun. Richtig bedeutet: wenn Sie auf seine Beziehungsbedürfnisse eingehen.

Auf dieser Grundlage können Sie ohne Sorge in das Preisgespräch gehen. Sie haben den richtigen Draht zum Kunden gefunden und sprechen seine Sprache. Damit haben Sie die wichtigste Basis gelegt: Ihre Beziehung stimmt.

Wichtig für Preisgespräche: die Werte des Kunden erkennen

Um Ihre Kunden richtig einschätzen zu können und Preisgespräche geschickt anzugehen, brauchen Sie weder eine Persönlichkeitsanalyse Ihres Kunden – was ja auch praktisch gar nicht möglich ist –, noch müssen Sie in der Lage sein, seinen natürlichen Stil von seinem offiziellen Stil zu unterscheiden.

Wichtig ist dieses Wissen nur insofern, als es Unstimmigkeiten erklärt: Sie haben beispielsweise einen Kunden, der sehr kurz angebunden und dominant auftritt. Klarer Fall: ein roter Kunde. Doch dann verstehen Sie sich immer besser und plötzlich kommt er so richtig ins Quatschen und plaudert mit Ihnen ausführlich über seine letzte Urlaubsreise. Das passt nicht ins Bild des Roten. Aber es ist ein deutlicher Hinweis darauf, dass Ihr Kunde privat vielleicht doch eher ein gelber Typ ist, der meint, im Berufsleben als Roter besser durchzukommen. Solche Hinweise werden Sie mit der Zeit erkennen und sich darauf einstellen. Wichtig für Sie ist, sich immer auf den Stil einzustellen, den Ihr Gegenüber nach außen zeigt, denn so möchte er von Ihnen gesehen und behandelt werden.

Das Wissen um die Werte Ihrer Kunden ist gerade für das Preisgespräch ungemein hilfreich, denn hier liegen die wahren Kaufmotive verborgen. Wenn Sie lernen, die Werte und Einstellungen Ihres Kunden zu erkennen, dann wissen Sie auch, wo der Schlüssel zu seinem Geldschrank liegt. Denn um die eigenen Werte zu erfüllen, ist jeder von uns bereit zu investieren: Energie, Anstrengungen und natürlich auch Geld.

Übung: SWOT-Analyse

Es kann Ihnen helfen, im Vorfeld des Verkaufsgesprächs eine so genannte SWOT-Analyse für Ihren Kunden durchzuführen. Vor allem, wenn Sie den Kunden schon kennen und einen Eindruck davon gewonnen haben, was für eine Persönlichkeit er ist. Halten Sie fest, was Sie als seine Stärken und seine Schwächen sehen und welche Chancen und Risiken sich daraus für Ihr Verkaufsgespräch, insbesondere die Preisverhandlung ergeben. Daraus leiten Sie dann Maßnahmen ab, wie Sie mit ihm umgehen, die Chancen nutzen und die Gefahren vermeiden können. In den Kapiteln 5 bis 8 lernen Sie ausführliche Details zu den einzelnen Farbtypen kennen.

	Stärken strengthen	**Schwächen weaknesses**	**Chancen opportunities**	**Gefahren threats**
Beobachtungen				
abzuleitende Maßnahmen				

Welcher Typ sind Sie?

2

1. Sie verkaufen auch sich selbst

Wie gehen Sie an ein Preisgespräch heran? Offensiv und fordernd? Mit langen Erklärungen und komplizierten Preismodellen? Oder überlassen Sie es völlig dem Kunden, ob er kaufen möchte? Die Art und Weise, wie Sie ein Preisgespräch einleiten und führen, ist typisch für Sie.

Um diese Phase optimal zu gestalten, raten wir Ihnen, sich Ihrer Stärken und Schwächen in dieser wie auch in den anderen Phasen des Verkaufsprozesses bewusst zu werden. Dann können Sie Ihre Stärken gezielter einsetzen, bzw. lernen, Ihre Schwächen zu vermeiden und frühzeitig gegenzusteuern.

Jeder Typ hat in jeder Phase des Verkaufsprozesses seine Stärken. Dem Grünen liegt besonders der Vertrauensaufbau, dem Blauen die Präsentation, der Rote hat besondere Stärken im Abschluss. Umgekehrt hat natürlich auch jeder Typ besondere Schwächen, die sich in bestimmten Verkaufsphasen negativ auswirken: Der Rote vernachlässigt meist den Beziehungsaufbau. Seine ganze Abschlussstärke hilft ihm nichts, wenn die Kunden am nächsten Tag stornieren, weil sie sich von ihm überrumpelt fühlten. Der Grüne mag noch so gute Beziehungen zu seinen Kunden aufbauen: Wenn er im Preisgespräch seine Vorstellungen nicht klar formuliert und auch hier zu sehr auf die Bedürfnisse des Kunden eingeht, dann ist das seinen Geschäften nicht gerade förderlich. Fazit: Ganz unabhängig davon, was für ein Typ der Kunde ist – jeder Verkäufer hat seine Stärken, die er bewusst einsetzen kann. Darüber hinaus hat jeder Verkäufer auch seine Schwächen, an denen er arbeiten kann. Wichtig ist, beide Seiten zu kennen.

Selbsterkenntnis ist natürlich auch wichtig, um die eigene Wirkung auf den Kunden abschätzen und steuern zu können. Sie verkaufen nicht nur Ihr Produkt, sondern auch sich selbst. Ihr Kunde schließt von Ihnen auf Ihr Produkt bzw. Ihre Leistung. Aus der Art, wie Sie ihn behandeln, schließt er auf die weitere Zusammenarbeit und entscheidet sich dafür oder dagegen. Warum setzt man so viele prominente Leute in der Werbung ein? Weil man möchte, dass Ihr positives Image sich auf das Produkt überträgt. So toll, wie man Boris Becker findet, soll man auch den Internetanbieter finden, für den er Reklame macht. Im Kleinen gilt das auch für die unmittelbare Beziehung zwischen Kunde und Verkäufer. Findet der Kunde den Verkäufer toll, so wird er dieses Gefühl auch auf dessen Produkt oder dessen Leistung beziehen. Auch deshalb ist es wichtig, dass Sie sich kennen und Ihre Wirkung auf andere einschätzen können.

Wie finden Sie also heraus, was für ein Typ Sie sind? Die folgende Übung vermittelt Ihnen erste Aufschlüsse über Ihr Persönlichkeitsprofil.

Übung: Tendenzen Ihres Verhaltens

Stellen Sie sich eine Situation aus Ihrem Privatleben vor: Sie wollen einen gemeinsamen Abend mit Ihrem Partner/Ihrer Partnerin verbringen. Sie sind aber unterschiedlicher Ansicht darüber, was Sie unternehmen. Sie selbst wollen mit Freunden in ein Restaurant mit anschließendem open end. Ihr Partner/Ihre Partnerin möchte lieber einen gemütlichen Abend zu Hause verbringen, gemeinsam schön kochen und die Zweisamkeit genießen. Wie gehen Sie vor?

- Sie führen ihm/ihr ausführlich alle Argumente vor Augen, die für Ihre eigene Lösung sprechen, und sind dabei sehr kreativ, immer neue Argumente zu finden.
- Sie bestellen einfach einen Tisch, sagen den Freunden Bescheid und bauen darauf, dass Ihr Partner/Ihre Partnerin dann nicht mehr Nein sagen wird. Das Risiko, dass er/sie dann beleidigt ist, nehmen Sie in Kauf, weil Sie meinen, das wird sich im Laufe des Abends schon legen.

- Sie versuchen herauszufinden, warum er/sie auf den gemeinsamen Abend Wert legt, und sind innerlich bereit, darauf einzugehen. Sie freuen sich auch, dass er/sie gerne einen schönen Abend alleine mit Ihnen verbringen möchte.
- Sie sagen erst mal gar nichts und warten ab, ob Ihr Partner/Ihre Partnerin nicht von alleine nachgibt.

Welche dieser Verhaltensweisen entspricht Ihnen am ehesten? Markieren Sie auf dem Kreuz, das die verschiedenen Verhaltenstendenzen beschreibt (siehe Abbildung auf S. 33), welcher Art Ihr Verhalten am ehesten entspricht.

Jetzt denken Sie an folgende Situation in Ihrem Beruf: Ein Kunde ruft an und reklamiert eine Maschine, die er gerade bei Ihnen gekauft hat. Er ist sehr ärgerlich und will nicht nur, dass Sie den Schaden sofort beheben, sondern auch, dass er einen Preisnachlass für die Maschine erhält, die er noch nicht komplett bezahlt hat. Wie gehen Sie mit der Situation um?

- Sie fragen erst einmal gründlich nach den Hintergründen und lassen sich ausführlich über den Schaden informieren. Dann besprechen Sie das Problem mit Ihren Technikern und suchen nach einer Lösung. Auch für die zu erwartende nachträgliche Preisverhandlung entwerfen Sie eine Strategie, ehe Sie wieder Kontakt mit dem Kunden aufnehmen. Über seinen Ärger machen Sie sich wenig Gedanken, das wird sich schon wieder geben, wenn die Sache geregelt ist.
- Sie versprechen dem Kunden eine umgehende Lösung und setzen alle Hebel in Bewegung, dass sich möglichst viele Experten in Ihrem Unternehmen des Falls annehmen. Durch Ihre überzeugende, zupackende Art gelingt es Ihnen, den Kunden zu besänftigen. Einen Preisnachlass schlagen Sie rundheraus ab, versprechen aber, dass die Maschine im nächsten Jahr kostenlos gewartet wird.

- Sie gehen erst einmal auf den Ärger des Kunden ein, äußern Verständnis dafür und entschuldigen sich, dass er Unannehmlichkeiten hat. Dann erst befassen Sie sich mit dem Problem. Einen Rabatt stellen Sie ihm vage in Aussicht und hoffen, dass er nicht darauf zurückkommt, sobald die Maschine wieder läuft.
- Sie reagieren zurückhaltend und geben nicht zu erkennen, ob Sie Anteil am Kunden nehmen oder seine Rabattforderung gehört haben. Sie brauchen Zeit, um die ganze Situation zu überschauen. Sie fragen viel nach und lassen sich auf keine festen Zusagen hinsichtlich der Reparatur ein.

Welche der Verhaltensweisen entspricht Ihnen am ehesten? Markieren Sie wiederum auf dem Kreuz mit den Verhaltenstendenzen, am besten mit einer anderen Farbe, welcher Stil Ihr berufliches Verhalten am besten beschreibt.

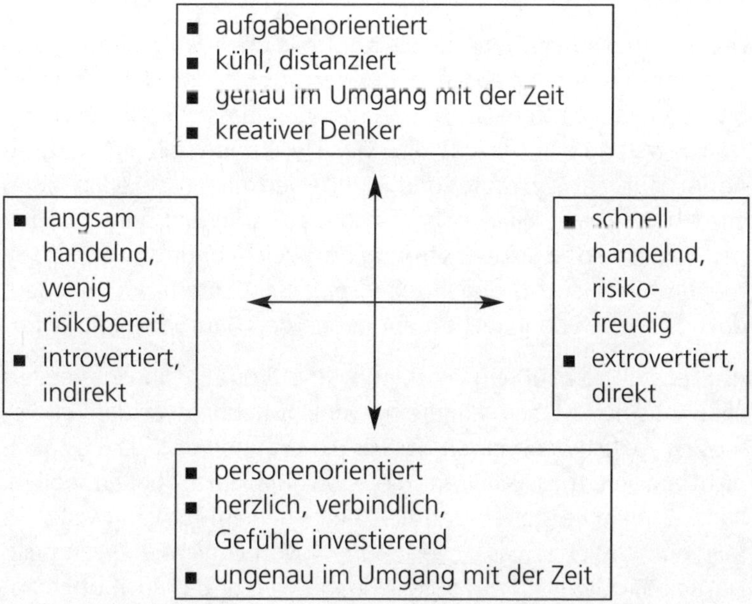

Wie sind Sie mit den Situationen umgegangen?

Welcher Richtungspfeil charakterisiert Ihr Verhalten am besten?

- Im privaten Bereich:
- Im beruflichen Bereich:

2. Die vier Farbtypen im Verkaufsalltag

Im Folgenden finden Sie ausführlichere Beschreibungen, wie sich die vier Farbtypen als Verkäufer typischerweise verhalten. Überlegen Sie beim Lesen, welcher Stil dem Ihren am ähnlichsten ist. Vielleicht sind Sie auch ein Mischtyp und können sich mit Verhaltensweisen aus zwei Verkaufsstilen identifizieren.

Der rote Verkäufer

Der rote Verkäufer übt gerne die Kontrolle über den gesamten Verkaufsprozess aus. Er will den Kunden führen und ihn mit mehr oder weniger sanftem Druck dazu bringen, dass er kauft. Von Vertrauensaufbau hält er nicht allzu viel: Der Kunde soll ihm kraft seiner Autorität als Verkäufer und Experte vertrauen, schließlich weiß er mehr als dieser. Ein bisschen schaut er immer auf seine Kunden herab. Deshalb ist seine Eröffnung auch leicht aggressiv und übertrieben. Er versucht, den Kunden einzuschüchtern, im Glauben, dass dieser sich dann nicht mehr gegen den Kauf „wehren" wird.

Am liebsten verkauft ein Roter innovative Produkte. Ihn interessiert alles, was neu ist, was andere noch nicht haben, was der Zeit voraus ist. Selbst wenn damit das Risiko verbunden ist, dass es noch nicht ausgereift ist. Kunden, die etwas Bewährtes haben wollen, kann er nicht verstehen und hält sie insgeheim für Langweiler. Es fällt ihm schwer, etwas zu vertreten, wovon er nicht überzeugt ist. Hat sein Produkt echte Nachteile, dann wird er das auch offen zugeben. Sieht nur der Kunde Nachteile, die er selbst nicht nachvollziehen kann, so wird er das allerdings nicht einsehen, sondern diese Ansicht vehement bekämpfen.

Anderen Menschen gegenüber ist ein Roter eher misstrauisch und verschlossen. Er hat kein allzu großes Interesse an vielen Freundschaften und Kontakten und sucht sich seine Freunde gut aus. Ein Roter fürchtet, von anderen ausgenutzt und übervorteilt zu werden – als „Looser" dazustehen, wäre für ihn das Schlimmste. Er muss seinen eigenen Vorteil erkennen, sonst setzt er sich nicht für andere ein. Beziehungen sind für ihn deshalb nie Selbstzweck, sondern immer gut für irgendetwas.

Der Rote setzt sich als Verkäufer klare Ziele und ist in der Lage, diese auch zu erreichen. Hohe Anforderungen setzen ihn nicht unter Druck, sondern fordern ihn heraus. Er braucht hoch gesteckte Ziele, um motiviert zu sein. Routine langweilt ihn schnell, die immer wiederkehrenden Alltagstätigkeiten delegiert er am liebsten an andere. Überhaupt ist er gut darin, andere anzuleiten und den Chef zu geben, selbst wenn er nicht der Chef ist. Er hat eine natürliche Autorität, die oft von den anderen, sofern sie keine Roten sind, widerspruchslos akzeptiert wird.

Mit Bedarfsklärung hält er sich nicht lange auf. Er meint schnell zu wissen, was der Kunde braucht. Ein, zwei Fragen, dann sind ihm dessen Bedürfnisse klar. Mit langen Diskussionen will er keine Zeit verlieren. Es fällt ihm schwer, sich in die Situation des Gegenübers einzufühlen. Dazu nimmt er sich auch nicht die notwendige Zeit, im Grunde seines Herzens interessiert es ihn auch nicht.

Seine Präsentation ist knallig, voller im Brustton der Überzeugung aufgestellter Behauptungen. Auch Themen, in denen er nicht bewandert ist, vertritt er mit Autorität. Detaillierte Nachfragen von (blauen) Kunden schätzt er nicht, denn dann gerät er in Gefahr, seinen Expertenstatus zu verlieren. Nicht immer weiß er nämlich wirklich bis ins Detail Bescheid. Deshalb versucht er von Anfang an, den Kunden mit sicher und selbstbewusst vorgetragenen Fakten zu erschlagen. Er hat einen guten Instinkt, der ihm sagt, wo sein Gegenüber „Schwächen" hat und zu fassen ist. Er kennt seine einschüchternde Wirkung und setzt diese ganz bewusst ein. Weder an ihm noch am Produkt sollen beim Kunden irgendwelche Zweifel aufkommen.

Meist ist er so voll und ganz mit seiner Präsentation beschäftigt, dass er nicht merkt, wenn der Kunde sich innerlich zurückzieht. Sein Augenmerk gilt nicht dem Kunden, sondern dem Produkt und seinem eigenen Auftritt. Oft versteht er dann nicht ganz, wenn ein Kunde den Rückzug antritt, und ärgert sich, dass er ihn lang und breit präsentieren lässt, obwohl er sich doch noch gar nicht zum Kauf entschlossen hat.

Widerspruch duldet er nicht. Kommt der Kunde mit Einwänden, so geht er nicht darauf ein, sondern walzt sie einfach nieder. Seine

Typische Aussagen des roten Verkäufers

- „Ich weiß, was Sie wollen."
- „Es besteht gar kein Zweifel, dass dies das beste Produkt ist."
- „Sie müssen ...", „Sie dürfen nicht ..." „"Auf jeden Fall ..."
- „Das ist falsch."
- „Darüber gibt es überhaupt keine Debatte."
- „Sie irren sich. In Wirklichkeit ..."
- „Diese Argumente kenne ich. Sie stimmen aber nicht. Tatsächlich ..."
- „Sie müssen das so sehen ..."

Devise ist: „Druck ausüben, bis die Gegenwehr des Kunden erlahmt." Es geht ihm nicht darum, seinen Kunden tatsächlich von dem Produkt zu überzeugen, sondern ihn möglichst schnell zum Kauf zu drängen.

Seine Körpersprache ist dominant und offensiv. Er tritt selbstbewusst auf, hält sich gerade, lächelt selten und blickt eher etwas ungeduldig.

Seine Stärke ist der Abschluss. Ohne Umschweife kommt er darauf, oft sogar früher, als es dem Kunden recht ist. Er signalisiert unmissverständlich: Entscheide dich! Der Rote hat sich vorher genau überlegt, was er nachzugeben bereit ist, und weiter geht er auch nicht. Er versteht es, mit guten Argumenten seinen Standpunkt zu vertreten und den Kunden zu überzeugen, dass das Produkt diesen Preis auch wert ist.

Bei ihm trauen sich die Kunden meist nicht, viele Rabattforderungen zu stellen, deshalb gibt es meist keine lange Diskussion in dieser Hinsicht. Ein roter Verkäufer lässt sich nicht über den Tisch ziehen, er durchschaut schnell, was der andere will, und kontert sofort mit einer Gegenstrategie.

Der einzige Nachteil: Rote Verkäufer haben die höchste Stornorate. Der Kunde fühlt sich eingeschüchtert und kauft, aber kaum ist er zu Hause, bereut er den Kauf. Am nächsten Tag storniert er dann, meist schriftlich, um nicht noch einmal eine Konfrontation mit dem roten Verkäufer zu riskieren.

Geht etwas schief, plagt sich ein Roter nicht mit Selbstvorwürfen. Er findet immer einen anderen, der schuld ist. Im Zweifel liegt es am Kunden, wenn der storniert oder reklamiert. Die Fähigkeit zur Selbstkritik ist beim Roten nicht übermäßig ausgeprägt. Das hat aber auch sein Gutes: Niederlagen kann er schnell abhaken. Sie spornen ihn nur an, sich beim nächsten Mal noch mehr anzustrengen.

Stärken des roten Verkäufers

- Er strahlt Autorität durch sein selbstbewusstes, entschlossenes Auftreten aus. Seine Kunden akzeptieren ihn als Experten.
- Er mag Herausforderungen, „schwierige" Kunden sind ihm lieber als Kunden, die zu allem Ja sagen.
- Er übernimmt gerne die Führung und geleitet den Kunden sicher durch den Verkaufsprozess.
- Er versteht schnell, worauf es ankommt und bietet kurze, klare Zusammenfassungen der Aspekte, die seinem Kunden wichtig sind.
- Er kann dem Kunden zu einer Entscheidung verhelfen, indem er ihm passende Optionen darstellt und auch mal ungewöhnliche Lösungen anbietet.
- Er kommt klar zum Abschluss, lässt sich beim Preis nicht herunterhandeln und bringt häufig den Kunden dazu, sich für sein Produkt/seine Leistung zu entscheiden.

Schwächen des roten Verkäufers

- Er wirkt auf andere oft abschreckend und einschüchternd – was ihn selbst überhaupt nicht stört.
- Er baut meist keine Beziehung zum Kunden auf, sondern ist ganz auf die Sache konzentriert. Die persönliche Komponente vernachlässigt er leicht.
- Er versucht meist nicht, den Kunden wirklich zu verstehen. Er führt das Gespräch oft etwas zu schnell und lässt den Kunden nicht alles sagen, was er zu sagen hat, weil er meint, er hätte es schon längst verstanden. Damit täuscht er sich aber auch immer wieder.

- Er wird leicht ungeduldig, wenn der Kunde nicht sofort versteht. Meist hat er ein schnelleres Tempo als die anderen, erwartet aber, dass die anderen sich auf ihn einstellen und nicht umgekehrt.
- Er drängt den Kunden zu einer Entscheidung, auch wenn dieser noch nicht so weit ist. Das erklärt seine meist recht hohe Stornorate.
- Er hat hauptsächlich Interesse an wichtigen Kunden, die er hervorragend und sehr aufmerksam beraten kann. Kunden, die nur kleine Geschäfte machen oder die er persönlich langweilig findet, lässt er gerne links liegen.

Feuerrotes Verkaufsverhalten
▪ Grundhaltung: „Der beste Weg zum Abschluss ist es, den Kunden zu überrumpeln."
▪ Eröffnung: „Als Erstes muss man den Kunden dominieren oder einschüchtern."
▪ Vertrauen aufbauen: „Ich weiß, was für den Kunden am besten ist, auch ohne unnötige Fragen zu stellen."
▪ Präsentation: „Reden, bis der Kunde schweigt."
▪ Umgang mit Einwänden: „Den Einwand eliminieren, bevor er dich eliminiert."
▪ Abschluss: „Druck machen, bis der Kunde nachgibt."

Der gelbe Verkäufer

Das Wichtigste für den gelben Verkäufer ist, im Mittelpunkt zu stehen, beliebt zu sein und mit seinen Kunden, wie mit allen Menschen, gut auszukommen. Er kennt seinen Charme und seine Ausstrahlung und setzt sie bewusst ein. Er kann überaus liebenswürdig sein, kommt mit so ziemlich jedem Menschen leicht in Kontakt und ist meist sehr beliebt, weil er ein Charmeur und guter Unterhalter ist. Ein Gelber kennt tausend Leute und kann über jeden eine Geschichte erzählen. Er genießt es, im Rampenlicht zu stehen und ein großes Publikum zu haben. Dann läuft er so richtig zur Hochform auf. Sein Ziel ist, von möglichst vielen Menschen gemocht zu werden. Dabei strebt er aber keine tiefen Beziehungen an. Ihm geht es mehr um Sympathien und Anerkennung für sein mitreißendes, schwungvolles Wesen.

Auf diese Strategie baut er auch im Verkauf. Er möchte erst einmal einen guten Kontakt zum Kunden aufbauen und dessen „Freund" werden. Dann wird sich der Abschluss schon von selbst ergeben. Ein Kunde will nach Ansicht des Gelben gut unterhalten werden. Deshalb erzählt er ihm alles Mögliche, was nicht unbedingt mit dem Geschäft zu tun haben muss. Er verplaudert sich dabei leicht und ist dann ganz überrascht, wie viel Zeit doch wieder vergangen ist. Er hat es nie eilig und kommt deshalb auch meistens zu spät zu Verabredungen oder Terminen. Aber dafür hat er dann eine witzige Geschichte parat, was er unterwegs erlebt hat. Effekt: Alle haben vergessen, dass sie sich gerade noch über ihn geärgert haben.

Er verkauft am liebsten Produkte, die das Image erhöhen: flotte Sportautos, teure Uhren, Genussreisen. Mit denen kann er sich identifizieren, denn von deren Glanz fällt auch einiges auf ihn zurück. Er sonnt sich gerne im Lichte einer strahlenden Umgebung. Er kann das Leben in vollen Zügen genießen und dieses Gefühl auch seiner Umgebung vermitteln. Verkauft er Produkte, die das Lebensgefühl heben, dann kann er seinen Kunden davon sehr überzeugend vorschwärmen und sie dafür begeistern.

So charmant und liebenswert seine Begrüßung ist, um den Aufbau einer Beziehung kümmert er sich nicht sonderlich. Ihm reichen auch im Verkauf oberflächliche Kontakte. In Wirklichkeit ist er nicht sonderlich am anderen Menschen interessiert. Fragen stellt er, um das Gespräch in Gang zu halten, aber nicht, weil er damit wirklich etwas über den anderen erfahren will. Ihm reichen ein paar Stichworte, und dann erzählt er dem Kunden, was dieser braucht. Oder er erzählt von anderen Kunden, die mit ähnlichen Problemen und Fragen kamen.

Andererseits ist der Gelbe mit einem sehr guten Barometer für Schwingungen ausgestattet. Er hört auf seine Gefühle und nimmt deshalb durchaus wahr, was andere bewegt. Er hat eine innere Stimme, die ihn auch vor Problemen und Schwierigkeiten warnt. Seine Stärke ist, dass er selten gegen diese Emotionen handelt.

Seine Präsentation ist chaotisch, unstrukturiert und alles andere als detailliert. Während der Bedarfsermittlung hat er sich im Zweifel keine Notizen gemacht. Spontan wie er ist, vertraut er darauf, dass ihm schon etwas einfällt. Er geht dann eher wahllos vor allem auf die Aspekte ein, die ihn selbst an dem Produkt begeistern. Deshalb verbeißt er sich auch manchmal in Nebensächlichkeiten und redet

Typische Äußerungen des gelben Verkäufers

- „Stellen Sie sich vor ..."
- „Das ist ein wahnsinnig tolles Gefühl, wenn Sie ..."
- „Da fällt mir ein: Kennen Sie ..."
- „Kürzlich erzählte mir ein Kunde, dass ..."
- „Das ist ja wahnsinnig spannend, was Sie da erzählen. Das habe ich auch mal erlebt, als ich ..."
- „Kennen wir uns nicht irgendwoher?"
- „Da haben wir ja eine gemeinsame Bekannte, die Frau XY ..."

ausufernd, obwohl sein Kunde schon ungeduldig auf die Uhr schaut. Meistens sind diese aber fasziniert von der begeisterten Art, mit der der Gelbe sein Produkt präsentiert. Er hat die Gabe, kleine Aspekte eines Produkts groß herauszustellen und dem Kunden ein Bild davon zu malen, wie angenehm dieser mit dem Produkt oder der Leistung leben wird.

Hat er ein Gegenüber, das seine Unstrukturiertheit nicht stört, so kann er aufblühen und sehr kreativ sein. Er kann völlig neue Lösungen finden, auf die kein anderer kommen würde, weil er Grenzen im Denken nicht akzeptiert. Alles ist möglich, so sein Motto. Sollte etwas doch nicht möglich sein, kann er das schnell vergessen. Findet er neue Lösungen, so liegt es aber an anderen, diese auszuarbeiten und umzusetzen. An Detailarbeit ist er nicht interessiert, ebenso wie er jede Art von Routine hasst. Er springt schnell von Thema zu Thema, andere können seinem Tempo oft kaum folgen.

Mit Einwänden setzt sich ein Gelber nur ungern auseinander. Konflikten geht er prinzipiell lieber aus dem Weg, weil sie die gute Stimmung verderben. Spürt er Unstimmigkeiten, so versucht er zu beschwichtigen, dem anderen Recht zu geben oder einfach das Thema zu wechseln. Folglich stimmt er dem Kunden auch bei Einwänden vage zu. Hat er nicht spontan ein überzeugendes Argument, so weicht er mit einer Antwort aus, ergeht sich in allgemeinen Lobpreisungen für das Produkt und setzt sich nicht wirklich mit dem Einwand auseinander. Dann wechselt er das Thema und hofft, dass der Kunde nicht darauf zurückkommt.

Mit Kritikern oder sehr skeptischen Menschen, wie es die Blauen sind, kommt er deshalb auch nur schwer zurecht. Ein Gelber braucht viel und deutliche Anerkennung. Bleibt diese aus, verliert er seinen Schwung und seine Begeisterung. Kritische oder pessimistisch eingestellte Menschen meidet er, so gut er kann.

Der Abschluss liegt einem gelben Verkäufer überhaupt nicht. Er fürchtet, dass er die angenehme Atmosphäre zerstört, wenn er den Kunden festnagelt und zum Kauf drängt. Im Grunde ist er auch niemand, der anderen etwas aufdrängt. So wie er selbst seine Freiheit liebt, lässt er sie auch anderen. Der Kunde wird sich schon entscheiden, wenn er will – und wenn er den Verkäufer mag, denkt zumindest der gelbe Verkäufer. Deshalb bemüht er sich auch in dieser Phase um gute Unterhaltung und gute Stimmung, die es dem Kunden seiner Ansicht nach erleichtern, zu einer Entscheidung zu kommen. Und wenn das nicht heute ist, dann eben morgen.

Solange beide in Freundschaft auseinander gehen, kann nicht viel schief gehen, denkt sich der gelbe Verkäufer. Er ist mit unerschütterlichem Optimismus ausgestattet, der ihn glauben lässt, dass ein nicht zustande gekommenes Geschäft nicht gescheitert ist, sondern eben einfach nur aufgeschoben wurde. Wenn es dann auch später nicht abgeschlossen wird, fällt ihm das nicht weiter auf.

Stärken des gelben Verkäufers

- Er spricht gerne (fremde) Menschen an und ist ideal geeignet für die Kaltakquisition. Jeder Mensch ist für ihn ein potenzieller Kunde.
- Er kann rasch eine positive angenehme Stimmung erzeugen.
- Er ist kreativ und flexibel. Er sucht gerne nach Lösungen, die so noch nie dagewesen sind.
- Er kann seine Kunden mitreißen und begeistern. Er vermittelt ihnen das Gefühl, das Produkt/die Leistung schon zu besitzen und zu genießen.
- Er kann in guter Stimmung von seinem Kunden weggehen, auch wenn das Geschäft nicht zustande gekommen ist.

Schwächen des gelben Verkäufers

- Er setzt sich nicht wirklich mit den Bedürfnissen seines Kunden auseinander. Seine Fragen klären meist nicht dessen Bedarf.
- Er ist schlecht vorbereitet und hat nicht immer alle Unterlagen zur Hand.
- Er ist nicht besonders gründlich und springt leicht von Thema zu Thema. Das kann bei seinen Kunden einen verwirrenden Eindruck hinterlassen.
- Auf manche Kunden wirkt seine Darstellung zu reißerisch und übertrieben. Im Eifer des Gefechts merkt er das aber nicht.
- Er kämpft nicht für ein Geschäft. Will der Kunde nicht, dann sucht er sich eben einen neuen.

Knallgelbes Verkaufsverhalten

- Grundhaltung: „Wenn man beliebt ist, wird man am Ende den Verkauf abschließen."
- Eröffnung: „Der Kunde soll spüren, dass ich sein Freund bin."
- Vertrauen aufbauen: „Solange ich das Gespräch in Gang halte, werde ich früher oder später auch die Bedürfnisse des Kunden erfahren."
- Umgang mit Einwänden: „Warum sich mit Dingen beschäftigen, die unsere Beziehung verderben könnten?"
- Abschluss: „Ich richte mich nach dem Kunden. Wenn er mich mag, bekomme ich schon mit der Zeit meinen Anteil an dem Geschäft. Also dränge ich ihn nicht."

Der grüne Verkäufer

Grüne Verkäufer sind eher zurückhaltende Menschen. Sie warten erst einmal ab, beobachten den Kunden, halten sich im Hintergrund. Sie wollen niemandem zu nahe treten, weil sie selbst ihre Ruhe schätzen. Gibt der Kunde deutlich zu erkennen, dass er jetzt Beratung möchte, dann zeigt sich der grüne Verkäufer beflissen und höflich.

Auf den ersten Blick mag man ihn etwas unterschätzen. Das liegt daran, dass er wenig redet, dafür aber sehr gut zuhört. Die Begrüßung und Eröffnung ist nicht seine Stärke, aber er ist der beste von allen vier Typen, wenn es darum geht, eine Beziehung aufzubauen. Denn die braucht er selbst, um gut verkaufen zu können.

Er nimmt sich Zeit, dem Kunden Fragen zu stellen und auf ihn einzugehen. Dabei ist er sehr zurückhaltend und überlässt es ganz dem Kunden, wie viel er von sich preisgeben möchte. Aber er ist sehr verständnisvoll und gibt seinem Gegenüber das Gefühl, dass er ihn als Mensch wahrnimmt und seine Bedürfnisse verstehen will.

Was dem Grünen nicht liegt, ist die Führung zu übernehmen. Er ist ein Mensch, der sich lieber anderen anpasst und das ausführt, was andere ersonnen haben. Ebenso übernimmt er auch nicht gerne die Verantwortung, sondern überlässt sie lieber anderen. Deshalb führt er seine Kunden auch nicht konsequent durch das Verkaufsgespräch, sondern wartet, bis sie ihn auffordern, in die nächste Phase überzugehen.

Dafür ist er aber ein grundehrlicher Mensch, und das spüren seine Kunden. Er würde andere nie übers Ohr hauen oder versuchen, ihnen etwas anzudrehen. Wichtiger als sofort etwas zu verkaufen ist ihm, das Vertrauen seiner Kunden zu gewinnen. Sehr häufig schenken sie es ihm auch, weil sie spüren, dass sie von ihm angenehm und unaufdringlich betreut werden.

Die größte Stärke des grünen Verkäufers ist denn auch die Pflege von Bestandskunden. Er ist am lockersten und besten, wenn er sich nicht „beweisen" und jemanden für sich gewinnen muss, wie das bei der Neukundenakquise verlangt wird. Bei langjährigen Kunden weiß er, dass er akzeptiert wird, und das macht ihm am meisten Spaß.

Seine Präsentation hat nichts von dem Feuerwerk seines gelben Kollegen. Sie ist eher farblos und ein bisschen monoton, dafür aber an den Bedürfnissen des Kunden orientiert. Denn da er in der Bedarfsermittlung gut zugehört und sich auch Notizen gemacht hat, kann er die Bedürfnisse seines Kunden jetzt einbeziehen.

Sein Ziel ist allerdings nicht, den Kunden zu begeistern. Dieser soll sich dafür entscheiden, weil er das Produkt oder die Leistung wirklich will, und nicht, weil er ihn dazu überredet hätte. Ganz abgesehen davon, dass der Grüne kaum die Gabe hat, andere von etwas zu überzeugen.

Typische Äußerungen für einen grünen Verkäufer

- „Ich bin Ihnen gerne behilflich. Was suchen Sie denn?"
- „Lassen Sie sich nicht drängen. Sie haben Zeit, das zu entscheiden."
- „Sie haben Recht."
- „Ich verstehe, was Sie meinen."
- „Verstehe ich Sie richtig: Sie möchten ..."
- „Das liegt ganz in Ihrer Entscheidung."
- „Ich freue mich, wenn wir uns wieder sehen."

Kommen Einwände vom Kunden, fühlt sich der Grüne zuerst etwas hilflos und ängstlich. Er debattiert nicht gerne und ist auch nicht besonders schlagfertig. Bei Einwänden versucht er, das eine oder andere klarzustellen, aber prinzipiell weicht er lieber aus. Er akzeptiert es, wenn ein Kunde sich gegen ein Produkt entscheidet. Er glaubt von sich selbst nicht, dass er die Macht hat, seinen Kunden entscheidend zu beeinflussen.

Auch im Abschluss ist der grüne Verkäufer sehr zurückhaltend. Das kann ihn schon mal das eine oder andere Geschäft kosten, weil er es versäumt, dem Kunden den entscheidenden Kick für den Kauf zu geben. Er verhandelt nicht gerne und ist auch in der Preisverhandlung eher zaghaft. Pokerspiele um den Preis mag er gar nicht, dafür ist er viel zu gradlinig und hat zu wenig spielerische Freude daran. Er wartet lieber, bis der Kunde zu einer Entscheidung gekommen ist und freut sich, wenn's klappt.

Stärken des grünen Verkäufers

- Er hat die Fähigkeit, langfristige herzliche Kundenbindungen aufzubauen und Kunden persönlich an sich zu binden.
- Er kann zuhören und auf andere eingehen. Er kann sich durch Nachfragen ein klares Bild von den Bedürfnissen des Kunden verschaffen.
- Er strahlt Ehrlichkeit und aufrichtiges Interesse aus.
- Er tritt seinen Kunden nie zu nahe.

Schwächen des grünen Verkäufers

- Neue Kunden und eine neue Umgebung verunsichern ihn. Unter Druck zieht er sich zurück und wirkt nach außen verschlossen und verkrampft.

- Er überlässt dem Kunden die Führung und gibt damit den Abschluss oft aus der Hand.
- Ihm fehlt oft der rechte Schwung, um den Kunden zu begeistern, wenn dieser noch unentschlossen ist. Er bestärkt ihn eher in seinen Zweifeln, weil er selbst viele hat.
- Er ist nicht sonderlich flexibel. Unerwartete Ereignisse werfen ihn aus dem Konzept.
- Kritische Kunden verunsichern ihn, er meidet sie lieber, als zu versuchen, sie für sich zu gewinnen.
- Der Abschluss erfolgt meist unentschlossen und zögerlich.

Erdgrünes Verkaufsverhalten

- Grundhaltung: „Man kann Verkäufe eigentlich nicht beeinflussen. Man kann nur Bestellungen aufnehmen."
- Eröffnung: „Es widerstrebt mir, mich in den Vordergrund zu drängen. Ich überlasse lieber den Kunden die Initiative."
- Vertrauen aufbauen: „Ich will verstehen, was der Kunde braucht. Ich gebe ihm das Gefühl, dass seine Bedürfnisse in Ordnung sind, und frage vorsichtig nach."
- Präsentation: „Ich beschreibe das Produkt und überlasse dem Kunden die Entscheidung."
- Umgang mit Einwänden: „Ich kann nicht viel tun, um die Entscheidung eines Kunden zu beeinflussen, wozu also die Mühe?"
- Abschluss: „Wenn der Kunde bereit ist, einen Auftrag zu erteilen, wird er es mir sagen, wenn nicht, warte ich eben darauf."

Der blaue Verkäufer

Er liebt das Detail. Erst wenn er „alles" über ein Produkt oder eine Leistung weiß, fühlt er sich kompetent. Der Blaue ist ein Tüftler und Wissenschaftler, der sich stundenlang in eine Sache vertiefen kann und darüber alles andere vergisst – vor allem seine Mitmenschen. Persönliche Kontakte zählen für ihn nicht sehr. Er hat wenige Freunde und ist nicht sonderlich daran interessiert, neue Menschen kennen zu lernen.

Als Verkäufer ist er am besten für Produkte und Leistungen geeignet, die starken Erklärungsbedarf haben. Hier läuft er zur Hochform auf. Er liebt es, anderen etwas zu erklären, und zwar bis ins Detail.

Dementsprechend fällt seine Begrüßung etwas frostig aus. Er ist weniger am anderen Menschen interessiert als an dessen Problem. Er ist sehr sachlich, lächelt wenig und gibt nicht zu erkennen, was er von seinem Gegenüber hält. Das liegt daran, dass er es selbst noch nicht weiß.

Um sich einen Eindruck von anderen Menschen machen zu können, braucht er Zeit, und er will keine vorschnellen Urteile abgeben. Außerdem hält er es für unwichtig, ob man sich gegenseitig sympathisch ist, es geht ja schließlich ums Geschäft.

Oft hat er seinem Kunden im Vorfeld Informationen geschickt, damit dieser sich einen ersten Eindruck verschaffen kann. Er ist dann überrascht, wenn er feststellen muss, dass der Kunde diese gar nicht eingehend studiert, sondern höchstens durchgeblättert hat.

Vertrauen baut er über seine Kompetenz auf. Der Kunde merkt schnell, dass er es hier mit einem sachkundigen Experten zu tun hat, und viele wissen das zu schätzen, auch wenn es auf Kosten der Unterhaltung geht. Witze macht der Blaue keine, alles hat einen ernsten, schweren Unterton.

Von sich selbst wird er kein Wörtchen preisgeben. Der blaue Verkäufer möchte, dass der Kunde den Wert seines Produkts oder seiner Leistung zu schätzen weiß. Dass jemand kauft, weil er den Verkäufer überzeugend findet, ist ihm völlig schleierhaft.

Die Bedarfsklärung läuft sehr präzise und ausführlich. Schließlich möchte sich der Blaue ein umfassendes Bild vom Problem des Kunden verschaffen, ehe er ihm das Produkt erklärt. Soll er spezifische Lösungen ausarbeiten, kann er sich unheimlich in die Sache hineinknien. Er wird zwar einige Zeit brauchen, aber dann sehr scharfsinnige, klug durchdachte Lösungen präsentieren, von denen er dann jedes Detail erläutern möchte. Dabei orientiert er sich nicht mehr daran, was den Kunden interessiert. Über das Produkt oder seine ausgetüftelte Lösung möchte er alles erzählen. Nur so kann der andere sich seiner Ansicht nach ein wirklich umfassendes Bild verschaffen. Das hat natürlich auf den Kunden, so er kein Blauer ist, einen ermüdenden Effekt. So viele Informationen kann er gar nicht verarbeiten.

Meistens zieht sich die Präsentation auch über geraume Zeit hin, mehr als die meisten Kunden investieren wollten. Durch das langsame, strukturierte Vorgehen ist der Vortrag zwar sehr verständlich – sofern der Blaue nicht zu viele Fachbegriffe einfließen lässt – aber auch ziemlich langweilig und monoton. Begeisternd ist er sicherlich nicht. Im besten Fall erkennt der Kunde, dass das Produkt qualitativ hervorragend ist.

Mit Einwänden setzt sich der Blaue auseinander, aber nicht so intensiv wie erwartet. Denn eigentlich ist er von Einwänden überrascht – hat er nicht gerade alles ausführlich erklärt? Er ist dann zu inflexibel, um zu verstehen oder zu erfragen, aus welchem Grund der Kunde die Sache noch nicht verstanden hat. Im Zweifel wiederholt er einfach noch mal seine Argumente.

Der blaue Verkäufer ist zufrieden, wenn sein Kunde, beladen mit Informationsmaterial und Prospekten, von dannen zieht. Ein Abschluss muss nicht sofort getätigt werden. Er selbst braucht für seine Entscheidungen viel Zeit und die lässt er auch seinem Kunden gerne.

Dass der Abschluss auch früher möglich wäre, kommt ihm gar nicht in den Sinn. Der Kunde wird schon kommen, wenn er kaufen will und sich überzeugt hat, dass es kein besseres Produkt gibt. In Preisverhandlungen kann der Blaue aber sehr zäh sein. Er hat sich vorher genau überlegt, was er will, und davon ist er dann nur schwer abzubringen. Lieber überzeugt er seinen Kunden, dass das Produkt wirklich seinen Preis wert ist.

Stärken des blauen Verkäufers

- Er informiert umfassend, erklärt klar und verständlich. Er hat ein großes Wissen und ist in der Lage, dieses detailliert und gut strukturiert weiterzugeben.
- Er bereitet sich sehr gut vor und gibt dem Kunden das Gefühl, dass er dessen Fragen und Probleme ernst nimmt.
- Er kann zielgerichtete, präzise Fragen stellen, um einer Sache auf den Grund zu gehen. Er kann auch gut zuhören.
- Die Nachbereitung ist ebenso gründlich wie die Vorbereitung.

Schwächen des blauen Verkäufers

- Er wirkt steif, verschlossen und unnahbar. Der erste Kontakt ist meist etwas schwierig.
- Er braucht viel Zeit, ist langsam und wird chaotisch, wenn man ihn unter Druck setzt.
- Manchmal verliert er sich so ins Detail, dass ihm der große Zusammenhang aus dem Blickfeld gerät.
- Er kann nicht begeistern und mitreißen.

- Seine Verschlossenheit bewirkt, dass der Kunde sich nicht persönlich an ihn bindet. Findet er woanders einen ebenso kompetenten oder einen unterhaltsameren Berater, dann wechselt er zur Konkurrenz.
- Er vergisst, dass das Produkt nicht der wichtigste Faktor im Verkauf ist, und erkennt nicht, dass die Person des Verkäufers eine große Rolle für die Kaufentscheidung des Kunden spielt.

Eisblaues Verkaufsverhalten

- Grundhaltung: „Wenn man alles über das Produkt und den Markt weiß, hat man Erfolg."
- Eröffnung: „Hatte der Kunde Zeit, sich die Unterlagen anzuschauen? Was will er?"
- Vertrauen aufbauen: „Wenn der Kunde alle Fakten und Optionen kennt, wird er unser Produkt als wertvoll erkennen."
- Präsentation: „Ich biete auf langsame, bedächtige Art Beweise aus zuverlässigen Quellen."
- Umgang mit Einwänden: „Ich weise auf die Nachteile hin, um Missverständnisse auszuschließen."
- Abschluss: „Wenn der Kunde noch Bedenkzeit braucht, werde ich ihm schriftlich Alternativen oder noch zusätzliches Material anbieten."

3. Welcher Farbtyp sind Sie?

Nach diesen ausführlichen Beschreibungen fällt es Ihnen sicherlich leichter, sich einem Farbtyp zuzuordnen. Nehmen Sie sich die Zeit, sich im Berufsalltag selbst zu beobachten und Ihrem „Typ" auf die Spur zu kommen. Wahrscheinlich sind Sie kein reiner Typ, wie sie hier beschrieben wurden, sondern haben Anteile von zwei oder sogar drei Typen. Versuchen Sie, diese herauszufinden. Ein Augenmerk sollten Sie dabei immer auf die Unterscheidung zwischen natürlichem und offiziellem Stil haben: Möglicherweise stellen Sie gravierende Unterschiede bei sich selbst fest. Beantworten Sie daher im Laufe der nächsten Zeit die folgenden Fragen:

- Welchem Typ würden Sie sich mit Ihrem natürlichen Stil zuordnen?

  ....

- Welchem Typ würden Sie sich in Ihrem Verkaufsstil zuordnen?

  ....

- Können Sie Unterschiede feststellen? Worauf führen Sie diese zurück?

  ....

- Welche Stärken haben Sie im Verkaufsprozess?

  ....

- Was möchten Sie verändern und verbessern?

  ....

Wir laden Sie zu einem Kurztest im Internet ein: www.talent-check.com. Wollen Sie es ganz genau wissen, dann lassen Sie sich eine INSIGHTS® Verkäufer-Analyse (34 Seiten) erstellen: www.insights.de. Hier ein kleines Beispiel:

Testen Sie sich: Welcher Verhandlungstyp sind Sie?

Wie Sie den Test machen:

Es gibt sechs Eigenschaftspaare.

Bei jedem Eigenschaftspaar verteilen Sie sieben Punkte unter den beiden Alternativen, so, wie sie sich selbst einschätzen.

Beispiel:

- Wenn Sie die Auswahl 6/1 anklicken, geben Sie dem Vorschlag „ergebnisorientiert" 6 Punkte und 1 Punkt dem Vorschlag „beziehungsorientiert";
- wenn Sie die Auswahl 5/2 anklicken, geben Sie dem Vorschlag „ergebnisorientiert" 5 Punkte und 2 Punkte dem Vorschlag „beziehungsorientiert"; etc.

Antworten Sie schnell und spontan!

	7/0	6/1	5/2	4/3	3/4	2/5	1/6	0/7	
ergebnisorientiert	○	○	○	○	○	○	○	○	beziehungsorientiert
extrovertiert	○	○	○	○	○	○	○	○	introvertiert
emotional	○	○	○	○	○	○	○	○	rational
handlungsorientiert	○	○	○	○	○	○	○	○	abwartend/ reflektierend
spontan	○	○	○	○	○	○	○	○	kontrolliert
keine Scheu vor Konflikten	○	○	○	○	○	○	○	○	konfliktscheu

?

Ergebnis

Wie verkaufen Sie sich am besten? Empfehlungen für Verkäufer

3

1. Die entscheidenden Phasen liegen vor dem Preisgespräch

Das bedeutet für Sie als Verkäufer: Wenn es um den Preis geht, muss bereits zwischen Ihnen und Ihrem Kunden gutes Einvernehmen bestehen. Durch die angenehme Atmosphäre verleiten Sie ihn unbewusst dazu, auch einen höheren Preis zu akzeptieren. Die entscheidenden Phasen sind also die, die dem Preisgespräch vorangehen. Hier haben Sie die Chance, Ihren Kunden an sich zu binden, so dass er später nicht mehr so sehr auf den Preis schaut. Die Grundlage zu einem erfolgreichen Preisgespräch legen Sie in den vorangehenden Phasen des Verkaufsprozesses.

Je nach Farbtyp liegen Ihnen die verschiedenen Phasen des Verkaufsprozesses mehr oder weniger. Gerade mit den Phasen, mit denen Sie eher Schwierigkeiten haben, sollten Sie sich intensiver auseinander setzen. In diesem Kapitel erhalten Sie Hinweise, wie Sie Ihre Stärken einbringen und Ihre Schwächen vermeiden können, um den gesamten Verkaufsprozess in Ihrem Sinne zu gestalten.

Die acht Essentials effektiver Vorbereitung

- *Sinnhaftigkeit prüfen:* Welche Bedeutung haben der Kunde und der Auftrag für Sie? Wie hoch sind die Chancen für eine dauerhafte Beziehung? Was bedeutet der Kunde/Auftrag für Ihr Image? Welche Werbewirkung, welche Synergieeffekte können sich einstellen?
- *Ziele setzen:* Sind Ihre eigenen Ziele klar, präzise formuliert, erreichbar, motivierend, herausfordernd und sichtbar? Welche Gesamt-, Etappen- und Teilziele haben Sie? Welche Kundenziele vermuten Sie (Minimum-Maximum-Forderungen, zu welchem Zeitpunkt)? Wie sind die Machtpositionen verteilt? Wie realisierbar erscheinen Ihre Ziele?

Fortsetzung: Die acht Essentials effektiver Vorbereitung

- *Eckpfeiler setzen:* Was wäre die beste Lösung? Was wäre die schlechteste? Welchen Spielraum haben Sie pro Einzelziel? Welche Zugeständnisse können Sie machen?

- *Mögliche Ergebnisse kalkulieren:* Welche Konsequenzen hätte jedes Ihrer Zugeständnisse für Sie und Ihr Unternehmen? Welches Budget wollen Sie als Ergebnis festlegen?

- *Verhandlungspositionen definieren:* Erstellen Sie eine Liste mit Argumenten, die Ihre Verhandlungsposition unterstützen, und ordnen Sie sie nach Prioritäten. Welche Forderungen wird Ihr Kunde möglicherweise stellen? Welche Forderungen sind für seinen Farbtyp typisch? Welche Bedeutung hätte das Ergebnis für Sie sowie für Ihren Kunden?

- *SWOT-Analyse erstellen:* Was sind die Stärken (**s**trengthen) und Schwächen (**w**eaknesses) Ihres Produkts und Ihres eigenen Farbtyps? Welche Möglichkeiten (**o**pportunities) bieten sich für Sie? Welche Gefahren (**t**hreats) können Sie erkennen? Was sind die Stärken/Schwächen des Farbtyps des Kunden? Welche Möglichkeiten bieten sich ihm, welche Gefahren drohen ihm? Was sind die Kaufmotive des Kunden? Welchen Argumenten ist der Farbtyp des Kunden besonders zugänglich? Was könnte die Beziehung verbessern? Was könnte sie belasten? (siehe S. 58)

- *Mögliches Scheitern der Verhandlung durchspielen:* Wie können Sie sich aus einem Geschäft zurückziehen, das sich für Sie nicht lohnt? Wie können Sie die Weichen umstellen, um der Verhandlung eine neue Wendung zu geben? Was könnten Sie tun, damit die Beziehung trotz Scheitern der Verhandlung fortgesetzt werden kann? Wie können Sie bestimmte Teilziele sichern, über die Einigkeit besteht?

Fortsetzung: Die acht Essentials effektiver Vorbereitung

- *Vision und Charisma entwickeln:* Was können Sie tun, damit Sie sich auf die Verhandlung freuen? Wenn Sie den Verhandlungspartner noch nicht persönlich kennen: Was können Sie über ihn (und seinen Farbtyp) in Erfahrung bringen? Visualisieren Sie den positiven Verlauf des Gesprächs für sich, glauben Sie an Ihren Erfolg!

2. Mehr Verständnis für den Kunden – was Sie als roter Verkäufer besser machen können

Als roter Verkäufer versäumen Sie es meist, eine Beziehung zum Kunden aufzubauen. Oft erkennen Sie nicht einmal, dass dies notwendig ist. Der Schlüssel zum Erfolg liegt für Sie in den Phasen vor dem Abschluss und dem eigentlichen Preisgespräch.

Sie könnten Ihre Erfolgszahlen wesentlich erhöhen, wenn Sie lernen, stärker auf Ihren Kunden einzugehen, ihm zuzuhören, ihn als Mensch wahrzunehmen und so in echtem Kontakt mit ihm zu treten. Auch wenn Sie das nicht wirklich interessiert: Wenn es dem Geschäft dient und die Verkaufszahlen verbessert, sollte Beziehungspflege auch für Sie interessant sein. Sind Sie ein roter Verkäufer, dann können Sie Ihren Erfolg steigern, wenn Sie die folgenden Empfehlungen berücksichtigen.

Beziehungsaufbau

Nehmen Sie sich für die Begrüßung des Kunden Zeit. Sehen Sie ihm in die Augen, merken Sie sich seinen Namen und sprechen Sie ihn konsequent mit diesem an. Nehmen Sie wahr, was für einen Menschen Sie vor sich haben: Achten Sie auf seine Kleidung, seine

Wortwahl, seine Körpersprache. Hören Sie zu, was er sagt. Dann werden Sie auch schnell erkennen, mit was für einem Kundentypen Sie es zu tun haben. Sie neigen dazu, alle Kunden über einen Kamm zu scheren. Aber das wird ihnen nicht gerecht. Jeder möchte etwas Besonderes sein.

Machen Sie sich die Bedeutung der Beziehungspflege im Verkauf bewusst. Sie ist kein Selbstzweck, mit dem Sie nur Zeit verlieren. Eine gute Beziehung ermöglicht es Ihnen, die wahren Kaufmotive Ihres Kunden herauszufinden und eine Lösung für ihn zu finden, die wirklich zu seiner Situation passt. Sie verhindern so, dass er den Kauf bereut und storniert. Dank einer guten Beziehung kommt der Kunde auch wieder. Kauft er nur bei Ihnen, weil Ihr Produkt gerade etwas günstiger war als das Ihres Konkurrenten, dann kauft er beim nächsten Mal woanders. Wenn er dagegen Ihre Beratung und Ihren Service schätzt, dann hat Ihr Konkurrent schlechte Karten. Nehmen Sie es als Herausforderung, mit jedem Ihrer Kunden eine Beziehung aufzubauen.

Praxis-Tipp:

Ihre Gleichung muss aufgehen

Rechnen Sie selbst: Sie können Ihre Zeit einem Kunden widmen, der anschließend kauft und langfristig bei Ihnen bleibt. Oder Sie können in der gleichen Zeit drei Kunden zum Kauf drängen, von denen anschließend zwei stornieren und der dritte bei der nächstbesten Gelegenheit zur Konkurrenz wechselt.

Vor allem wenn Sie einen gelben oder grünen Kunden vor sich haben, dann nehmen Sie sich bei der Begrüßung Zeit, ein paar Takte über allgemeine Themen zu reden, ehe Sie zum Geschäft kommen. Fragen Sie auch nach persönlichen Dingen und hören Sie bei den Antworten aufmerksam zu.

Bedarfsklärung

Auch wenn Sie meinen, dass Sie Ihren Kunden schnell verstehen und wissen, was er will: Stellen Sie ihm dennoch Fragen, um Ihre Annahmen zu überprüfen. Zum einen können Sie dadurch tatsächlich neue Erkenntnisse und zusätzliche Argumente gewinnen. Zum anderen dient eine ausführliche Bedarfsklärung auch der Beziehungspflege. Ihr Kunde fühlt sich ernst genommen, merkt, dass Sie wirklich an ihm und seinem Problem interessiert sind, und wird sich Ihnen öffnen.

Sie kennen den Ausspruch: Wer fragt, der führt. Sie geben nicht die Führung aus der Hand, wenn Sie Fragen stellen. Fragen sind kein Zeichen von Schwäche. Mit Ihren Fragen können Sie demonstrieren, dass Sie sich der verschiedenen Seiten des Problems bewusst sind und alle Eventualitäten abklopfen wollen. Autorität wird nicht daran gemessen, wer am meisten redet. Autorität kann auch auf leisen Sohlen daherkommen und an klugen, zielgerichteten Fragen zu erkennen sein.

Praxis-Tipp:

Erzeugen Sie Sog statt Druck

Schauen Sie Ihrem Kunden immer wieder in die Augen. Lächeln Sie, seien Sie verbindlich und entgegenkommend. Begeistern ist das Gegenteil von einschüchtern. Erzeugen Sie einen Sog, mit dem Sie den Kunden an sich binden, statt Druck, der den Kunden von Ihnen entfernt.

Sie haben die Fähigkeit, in größeren Zusammenhängen zu denken und Einzelheiten präzise zusammenzufassen. Nutzen Sie diese Gabe und geben Sie dem Kunden immer wieder eine Zwischenbilanz des bisher Erreichten. Damit können Sie testen, ob Sie alles so verstanden haben, wie er es meinte. Denn nicht immer liegen Sie tatsächlich richtig, auch wenn Sie selbst dieser Ansicht sind. Außerdem können Sie zum nächsten Schritt überleiten, wenn Sie merken, dass alle Aspekte geklärt sind.

Präsentation

Ihre Präsentation ist meist sehr überzeugend. Sie haben die Fähigkeit, sich nicht im Detail zu verlieren, sondern nur die wichtigsten Merkmale herauszustellen.

Noch wirkungsvoller präsentieren Sie, wenn Sie dabei nicht nur von Ihrem Produkt ausgehen, sondern stärker von Ihrem Kunden. Er hat Ihnen inzwischen eine Menge Anhaltspunkte geliefert, warum er an Ihrem Produkt interessiert ist. Stellen Sie jetzt die Aspekte heraus, die seinen Bedürfnissen entsprechen: „Diese Versicherung bietet vor allem auch Ihren Kindern Schutz, wenn Sie im Ausland unterwegs sind." Lassen Sie alle anderen Vorteile, die Sie selbst an dem Produkt begeistern, weg, wenn Sie merken, dass Ihr Kunde andere Prioritäten hat. So verhindern Sie auch, dass Sie immer nur nach Schema F präsentieren. Die Herausforderung liegt darin, jeden Kunden neu zu „knacken". Aber nicht durch Druck, sondern durch seine eigenen Argumente.

Einwände Ihres Kunden sollten Sie nicht vom Tisch fegen: „Also, das hat wirklich noch keiner bemängelt." Oder: „Das ist doch völlig unrealistisch. Tatsächlich ist doch ..." In dieser Phase können Sie verhindern, dass Ihr Kunde später mit dem Vorwand „zu teuer" kommt.

Nehmen Sie seine Bedenken ernst, auch wenn Sie innerlich der Ansicht sind, dass sie keine Berechtigung haben. Vielleicht hat der Kunde manches einfach noch nicht verstanden. Nicht jeder kann mit Ihrem Tempo mithalten. Vielleicht handelt es sich aber auch um ernsthafte Kaufhindernisse, die es noch auszuräumen gilt.

Praxis-Tipp:

Ihre schwierigste Lektion: Geduld

Am schwersten tun Sie sich damit, Geduld zu haben. Sie mögen keine langwierigen Verhandlungen und Diskussionen. Deshalb ist Ihre schwierigste Lektion, sich in Geduld zu üben. Geht es um langwierige, detaillierte Problemlösungen, so holen Sie sich besser Unterstützung von einem (blauen) Kollegen.

Abschluss und Preisgespräch

Sie haben keine Schwierigkeiten, Kaufsignale zu erkennen und den Abschluss einzuleiten. Aber oft üben Sie dabei zu viel Druck aus. Dann besteht die Gefahr, dass der Kunde sich zurückzieht und in den Widerstand geht („Jetzt erst recht nicht!“, „Drängen lasse ich mich nicht!“), oder er passt sich an, kauft zu Ihrem Preis, bereut aber den Kauf später und storniert das Geschäft.

In Ihrer Einstellung kann es nur Gewinner oder Verlierer geben. Wenn Sie gewinnen wollen, hieße das aber automatisch, dass der Kunde verliert. Dann wird er aber nicht wiederkommen. Gestalten Sie Preisgespräche so, dass beide Seiten als Gewinner aus dem Spiel gehen. Selbstverständlich wollen Sie ein gutes Geschäft machen. Aber wenn es auf Kosten Ihres Kunden geht, dann haben Sie langfristig auch nichts davon.

Lassen Sie dem Kunden Zeit, sich aus freien Stücken zu entscheiden, weil er wirklich überzeugt und begeistert ist. Seien Sie klar und bestimmt, was den Abschluss und Ihre Preisvorstellungen betrifft. Aber zeigen Sie Flexibilität und vor allem immer wieder Freundlichkeit. Haben Sie die in den vorangegangenen Phasen walten lassen und sich ausreichend Zeit genommen, sollten Sie beim Abschluss und Preisgespräch keine allzu großen Schwierigkeiten haben.

Checkliste: Aspekte, die Sie verbessern können
▪ Begrüßen Sie Ihren Kunden freundlicher. ▪ Zeigen Sie Interesse an Ihrem Kunden, konzentrieren Sie sich nicht nur auf das Geschäft. ▪ Hören Sie zu und stellen Sie Fragen. ▪ Gehen Sie auf den Kunden ein. ▪ Lassen Sie Ihrem Kunden Zeit. ▪ Nehmen Sie die Einwände Ihres Kunden ernst. ▪ Überzeugen Sie beim Abschluss, statt zu drängeln.

Ihre schwierigsten Kunden sind Menschen mit hohen grünen und hohen blauen Anteilen.

Um an einen „Grün-Typen" zu verkaufen, sollten Sie

- langsamer vorgehen, ihm Gelegenheit geben, die Fakten zu „verdauen",
- freundlicher sein,
- Sicherheiten bieten,
- mehr Details nennen, und
- nicht zu viel Nachdruck auf neue und innovative Artikel legen.

Um an einen „Blau-Typen" zu verkaufen, sollten Sie

- reichlich Beweise und Fakten präsentieren,
- darauf achten, dass Sie alle Fragen beantworten,
- langsamer vorgehen als sonst, und
- nicht drängeln oder zu schnell vorpreschen.

Keine Probleme haben Sie mit roten Kunden, denn diese „ticken" wie Sie selbst, und mit gelben Kunden, wenn Sie ein bisschen freundlicher und etwas weniger geschäftsmäßig als sonst auftreten.

3. Zuhören statt reden – was Sie als gelber Verkäufer besser machen können

Ihr großes Geschick ist es, eine entspannte Atmosphäre zu erzeugen. Im Kontaktaufbau sind Sie stark – nutzen Sie diese Fähigkeit, um aus dem ersten Kontakt eine tragfähige Beziehung werden zu lassen. Denn oft vergeben Sie Ihre Chance, weil Sie schon wieder auf neue Kontakte aus sind und keine große Lust haben, Beziehungen zu vertiefen. Das ist aber notwendig, wenn Sie mit dem Kunden nicht nur „nett" plaudern, sondern tatsächlich Geschäfte abschließen wollen. Dazu ist wichtig, dass Sie den Beziehungsaufbau etwas ernster nehmen, auch wenn Ihnen das eigentlich widerstrebt.

Beziehungsaufbau

Ihr Ziel sollte nicht sein, den Kunden (und sich selbst) gut zu unterhalten. Damit erleichtern Sie sich höchstens den Einstieg. Eine Beziehung entsteht aber nicht durch Geplauder und den (womöglich einseitigen) Austausch von Geschichten. Sie entsteht durch echtes Interesse am anderen Menschen. Achten Sie also darauf, dass Sie selbst nicht zu viel reden, selbst wenn Ihnen Ihr Gegenüber immer wieder Stichwörter liefert, zu denen Ihnen witzige Geschichten einfallen. Hören Sie statt dessen zu, was Ihnen Ihr Gesprächspartner zu sagen hat. Beobachten Sie sein Verhalten, seine Ausdrucksweise und seine Körpersprache, um herauszufinden, was für ein Typ er ist.

Praxis-Tipp:

Ihre schwierigste Aufgabe ist ...

... sich selbst beim Reden zu zügeln. Es passiert Ihnen leicht, dass Sie selbst sehr viel mehr reden als Ihr Kunde. Im Verkauf kommt es aber darauf an, dass Sie mehr über Ihren Kunden wissen als der Kunde über Sie. Das finden Sie nur durch Fragen und Zuhören heraus.

Vorbereitung und Bedarfsklärung

Ihr Hauptjob besteht also darin, Fragen zu stellen und so mehr über Ihren Kunden zu erfahren. Diese Informationen sollten Sie sich in Stichpunkten notieren, denn Sie neigen dazu, Gehörtes schnell wieder zu vergessen. Wichtig ist, dass Sie bei der Bedarfsklärung gründlicher vorgehen, als es eigentlich Ihre Gewohnheit ist. Manchmal reimen Sie sich schon aus drei, vier Sätzen etwas zusammen und präsentieren dann kreative Lösungen, die leider am Bedarf Ihres Kunden vorbeigehen.

Bereiten Sie sich auf Gespräche gründlich vor. Sie vertrauen auf Ihre Geistesgegenwart und sind meistens zu bequem, um sich vor einem Gespräch in Ruhe hinzusetzen und sich Gedanken zu machen. Ihre Spontaneität mag bei gelben Kunden ankommen – bei den anderen Typen nicht. Gehen Sie nicht zu lässig vor, sondern teilen Sie sich Ihren Tag so ein, dass Sie vor jedem Gespräch Zeit finden, um sich vorzubereiten. Das wird Ihnen schwer fallen: Pünktlichkeit und Zeitmanagement sind nicht Ihre Stärken. Dennoch können Sie lernen, Ihre Zeit besser einzuteilen. Planen Sie die Vorbereitungszeit ebenso ein wie die Dauer des Gesprächs selbst sowie angemessene Pufferzeiten dazwischen, in denen Sie sich verplaudern können, ohne in Zeitdruck zu geraten.

Praxis-Tipp:

Behalten Sie Ihr Ziel im Auge

Halten Sie sich immer wieder Ihr Ziel vor Augen: Geschäfte machen. Es unterscheidet sich damit von Ihrem sonstigen Lebensziel: Freunde machen!

Präsentation

Auch hier besteht Ihre größte Falle darin, dass Sie sich zu mangelhaft vorbereiten. Wenn Sie es im Vorfeld versäumen, sich wirklich über Details Ihres Produkts zu informieren, können Sie das im Kundengespräch nicht wettmachen, indem Sie hektisch in Unterlagen blättern und nach den Fakten forschen. Als gelber Typ werden Sie sich wahrscheinlich viele Produktdetails nicht merken können – schon weil sie Sie nicht so nachhaltig interessieren.

Um kompetent zu wirken, müssen Sie diese aber parat haben. Fertigen Sie deshalb für Ihre Produkte und Leistungen Unterlagen an, aus denen Sie schnell die wichtigsten Informationen ziehen können. Wenn Sie das nicht selbst zusammenstellen wollen, dann arbeiten Sie mit einem blauen Kollegen zusammen – der sollte Sie aber nicht mit Details überhäufen!

Auch auf gute Fragen an den Kunden müssen Sie sich vorbereiten. Gelbe Verkäufer stellen oft flache oder unrealistische Fragen, weil sie sich einerseits nur oberflächlich mit den Bedürfnissen ihres Kunden auseinander gesetzt haben, andererseits ihr eigenes Produkt zu wenig kennen. Bereiten Sie sich auch hier im Vorfeld vor: Erstellen Sie einen Katalog mit wichtigen Fragestellungen. Diese kleine Checkliste können Sie als „Spickzettel" verwenden, ohne dass Ihr Kunde das merkt.

Ihre Präsentation wird ansonsten sicher witzig und pfiffig sein. Meistens sind Sie selbst von Ihrem Produkt oder Ihrer Leistung (und auch von Ihrer eigenen Präsentation) begeistert. Sie haben große rhetorische Fähigkeiten und finden malerische Worte, um Ihrem Kunden die Sache schmackhaft zu machen. Übertreiben Sie dabei aber nicht, sonst erreichen Sie womöglich das Gegenteil. Wenn Sie zu reißerisch wirken, schrecken Sie vor allem die grünen und blauen Typen ab. Diese nehmen Ihre Darstellung wörtlich und sind womöglich enttäuscht, wenn Ihr Produkt oder Ihre Leistung nicht hält, was Sie versprochen haben.

Achten Sie darauf, dass Sie einen Themenbereich wirklich abschließen, ehe Sie zum nächsten übergehen, sonst verlieren Sie leicht den Faden, springen von einem Thema zum nächsten und wirken auf Ihren Kunden verwirrend und chaotisch.

Praxis-Tipp:

Gehen Sie strukturiert vor

Struktur und planmäßiges Vorgehen liegen einem gelben Typen überhaupt nicht. Doch genau darum sollten Sie sich bemühen. Es wird Ihnen mehr Seriosität und Kompetenz verleihen und Ihnen dabei helfen, Geschäfte zum Abschluss zu bringen und nicht im Sand verlaufen zu lassen.

Abschluss und Preisgespräch

Im Gegensatz zu den anderen Typen gelingt es Ihnen, auch in der Phase des Abschlusses entspannt und locker zu bleiben. Passen Sie aber auf, dass Sie nicht zu lässig wirken, sonst denkt Ihr Kunde womöglich, das Geschäft sei Ihnen nicht wichtig. Ihrem Abschluss kann es leicht an Autorität und Überzeugung fehlen. Der Kunde zieht dann nicht mit und verabschiedet sich ohne Kaufentscheidung.

Typisch für einen gelben Verkäufer ist, dass er den Abschluss „verquasselt". Statt klar den Preis zu nennen, leiern Sie noch einmal alle Argumente herunter, die für Ihren Preis sprechen sollen: „Sie müssen wissen, wir haben alleine zwei Jahre in die Entwicklung dieses Produkts gesteckt, 17 Techniker waren damit beschäftigt. Dann kam die Testphase, die ebenfalls sehr ausgiebig war und hohe Kosten verursacht hat, wie Sie sich vorstellen können. Sie müssen mal bedenken, was ein Unternehmen..."

Das will der Kunde gar nicht wissen. Er will jetzt den Preis hören, klar und eindeutig. Lassen Sie sich weitschweifig über die Ursachen des hohen Preises aus, geben Sie ihm nur Zeit, ins Nachdenken zu kommen und am Preis zu zweifeln: „Wenn das Produkt so lange getestet wurde, hatte es das vielleicht nötig?" „Sind die Entwicklungskosten gerechtfertigt?" „Vielleicht sollte ich mich doch noch mal bei der Konkurrenz informieren?"

Bedenken Sie: Während Sie reden, denkt der Kunde. Vor allem, wenn Sie sich wiederholen, schaltet er ab, hört Ihnen nicht mehr zu und hat Zeit zum Grübeln. Sie geben die Kontrolle über das Gespräch aus der Hand.

Praxis-Tipp:

Unterlassen Sie lange Erklärungen im Preisgespräch!

Langatmige Erklärungen im Preisgespräch signalisieren, dass Sie nicht hinter Ihrem Preis stehen. Rechtfertigen oder entschuldigen Sie sich nicht für einen hohen Preis!

Auch auf das Preisgespräch sollten Sie sich gut vorbereiten. Wenn Ihr Kunde nach dem Preis fragt und Sie fangen an, Ihre Unterlagen zu durchwühlen, um den Preis herauszufinden, macht das einen denkbar schlechten Eindruck. Der Kunde erhält den Eindruck, dass Sie keine Ahnung haben, was ein angemessener Preis für Ihr Produkt ist und wird versuchen, Ihren Preis nach Kräften zu demontieren. Wenn es ein roter Kunde ist, dann wird er Ihre Unkenntnis auch gegen Sie persönlich verwenden: „Wann haben Sie denn das Produkt das letzte Mal verkauft, dass Sie den Preis nicht mehr wissen?"

Überlegen Sie sich vorher, zu welchem Preis Sie verkaufen wollen, welchen Nachlass oder welche zusätzlichen Anreize Sie geben wollen.

Überlassen Sie das Ihrer spontanen Eingebung, dann geht das Geschäft womöglich auf Ihre Kosten. Aus Freundlichkeit erklären Sie sich dann mit Bedingungen einverstanden, die sich für Sie nicht mehr rentieren. Stellen Sie ihm Optionen zur Auswahl und fragen Sie nach, was er braucht, um sich entscheiden zu können.

Checkliste: Aspekte, die Sie verbessern können

- Bereiten Sie sich auf alle Phasen des Gesprächs besser vor.
- Reden Sie nicht zu viel.
- Hören Sie dem Kunden aufmerksam zu, versuchen Sie, seine Kaufmotive zu verstehen.
- Planen Sie Ihre Zeit im Voraus, planen Sie Pufferzeiten ein.
- Gehen Sie in der Präsentation strukturierter vor.
- Seien Sie entschlossener im Abschluss, überlassen Sie die Entscheidung nicht Ihrem Kunden.

Ihre schwierigsten Kunden sind blaue und grüne Typen.

Um an einen blauen Typen zu verkaufen, sollten Sie

- keinen Smalltalk führen, keine Geschichten erzählen, keine Witze reißen,
- sich so gründlich vorbereiten, wie es nur geht,
- Fakten, Zahlen und Beweise liefern,

- keine persönlichen Fragen stellen, sich ganz auf das Geschäft konzentrieren,
- nicht versuchen, seine Freundschaft zu gewinnen,
- ihn nicht auf die Schulter klopfen oder am Arm berühren, sondern körperliche Distanz wahren, sowie
- viel Geduld aufbringen.

Um an einen grünen Typen zu verkaufen, sollten Sie

- zu Beginn nicht überschwänglich sein, sondern ihm eine „Aufwärmphase" lassen,
- ihm Zeit lassen und ihm zuhören, um sein Vertrauen zu gewinnen,
- ihm viele Informationen geben,
- ihm von anderen Kunden erzählen, die Ihr Produkt erfolgreich anwenden,
- Ihren Charme einsetzen, wenn Sie sein Vertrauen gewonnen haben, sowie
- ihn durch Fragen durch den Verkaufsprozess führen.

Keine Probleme haben Sie mit gelben Typen, denn diese sind wie Sie – vergessen Sie nur nicht, über das Plaudern das Geschäft abzuschließen –, sowie mit roten Typen, wenn Sie Ihre und seine Zeit nicht vergeuden.

4. Mit mehr Selbstvertrauen in das Gespräch – was Sie als grüner Verkäufer besser machen können

Im Grunde sind Sie ein hervorragender Verkäufer. Sie geben nur manchmal zu früh auf und sehen eher all das, was Sie nicht so gut können. Von roten, blauen und sogar gelben Kunden lassen Sie sich leicht einschüchtern und entmutigen. Statt die Situation als Herausforderung zu sehen, empfinden Sie sie rasch als Überforderung und geben auf. Mit etwas längerem Atem könnten Sie noch viel mehr Abschlüsse machen. Denn Sie haben die Fähigkeit, wirklich auf Ihren Kunden einzugehen und herauszufinden, was er braucht.

Beziehungsaufbau

Ihre erste Kontaktaufnahme könnte noch überzeugender sein. Da sind Sie oft zu zögerlich und zurückhaltend. Da Sie meistens spontan nicht genau wissen, wie Sie fremde Menschen anreden sollen, kann es Ihnen helfen, wenn Sie sich ein paar einleitende Sätze vorher zurechtlegen, auf die Sie zurückgreifen können.

Wichtig bei der ersten Kontaktaufnahme ist Ihre Körpersprache. Verschränkte Arme, ausweichender Blick und gesenkter Kopf signalisieren dem Kunden Ihre Unsicherheit. Das verunsichert ihn, denn er weiß ja nicht, dass Sie im Grunde nur am Anfang etwas scheu sind. Achten Sie also darauf, einen sicheren, aufrechten Stand zu haben, Ihrem Kunden fest in die Augen zu blicken und etwas forscher auf ihn zuzugehen, als es Ihrer Art eigentlich entspricht.

Ist die erste Schwelle überwunden, kommt Ihre Fähigkeit, warmherzige Beziehungen aufzubauen, voll zur Geltung. Sie können sich in andere einfühlen und spüren schnell, was diese brauchen. Ihre freundliche, ehrliche Art flößt Vertrauen ein und nimmt andere für Sie ein. Seien Sie sich dieser Stärke bewusst.

Praxis-Tipp:

Ihr Selbstbewusstsein ...

... ist nicht gerade übermäßig ausgeprägt. Stärken Sie es, indem Sie sich Ihre Verkaufskompetenzen immer wieder bewusst vor Augen führen.

Bedarfsklärung

Sie sind ein guter Zuhörer und können die richtigen Fragen stellen. Ihre Beharrlichkeit und Ihr Einfühlungsvermögen befähigen Sie, zu den wirklichen Problemen vorzustoßen und sie zu verstehen. Lassen Sie sich auch von den etwas ruppigen Roten nicht abschrecken. Im Grunde schätzen diese, wenn sie verstanden werden, auch wenn sie das niemals zeigen würden.

Sie sind ein Mensch, der sehr stark von seinen Werten und Idealen beeinflusst wird. Es fällt Ihnen schwer, ein Produkt zu verkaufen, das Ihren Überzeugungen widerspricht. Ebenso fällt es Ihnen schwer, an Menschen zu verkaufen, die völlig andere Werte und Einstellungen haben als Sie selbst. Davon sollten Sie sich aber nicht zu stark leiten lassen. Andere Werte haben die gleiche Berechtigung wie Ihre eigenen. Lassen Sie Ihre Wertvorstellungen nicht zu stark in den Verkaufsprozess einfließen, sonst entstehen daraus grundsätzliche Konflikte mit Ihrem Kunden, die der guten Beziehung und dem Geschäft im Wege stehen. Es geht nicht um philosophische Auseinandersetzungen, sondern um Geschäfte. Lernen Sie stattdessen die Werte Ihres Kunden zu erkennen und sie zu nutzen, um seine Kaufentscheidung positiv zu beeinflussen.

Präsentation

Auch hier gilt: Sind Sie im Einklang mit Ihren Überzeugungen, so klingt auch Ihre Präsentation überzeugend – ansonsten wirkt sie etwas farblos und matt. Versuchen Sie den Verkaufsprozess zu versachlichen: Sie verkaufen keine Werte, sondern konkrete Produkte oder Leistungen. Bereiten Sie sich daher im Vorfeld gut auf die Präsentation vor und machen Sie sich die Vorzüge Ihres Angebots bewusst.

Durch unerwartete Zwischenfälle werden Sie leicht aus dem Gleis geworfen. Eine Produktvorführung klappt nicht, der Kunde unterbricht Sie mit häufigen Nachfragen, und schon verlieren Sie Ihren Faden. Auch hier können Sie durch gute Vorbereitung Abhilfe schaffen. Tragen Sie Situationen zusammen, mit denen Sie in der Vergangenheit Schwierigkeiten hatten. Überlegen Sie sich zwei oder drei Möglichkeiten, wie Sie in einem solchen Fall reagieren könnten. Spielen Sie diese Situationen im Geist immer wieder durch und denken Sie dabei nicht an das, was schief gehen könnte, sondern daran, wie Sie mit der Situation umgehen. Solche Visualisierungen helfen Ihnen, Ihre Energie in positive Gedanken zu lenken. Denn oft sind Sie in Gedanken zu sehr bei dem, was schief gehen könnte, statt sich auf die Situation zu konzentrieren und das Beste daraus zu machen.

Präsentationen vor Gruppen sind Ihnen ein Alptraum. Versuchen Sie, diese Situation zu meiden, wenn Sie können. Lässt sie sich nicht umgehen, so nehmen Sie Verstärkung mit, zum Beispiel einen anderen grünen Kollegen oder besser noch einen gelben, dem das Rampenlicht liegt. Mit diesem können Sie sich dann ergänzen. Aber passen Sie auf, dass er Ihnen nicht die Show stiehlt und die Kunden Sie nicht mehr wahrnehmen. Treffen Sie vorher klare Absprachen, welcher Part der Präsentation von wem übernommen wird.

Abschluss und Preisgespräch

Grüne Verkäufer haben meist innerlich Angst vor dem „Moment der Wahrheit", in dem es um den Preis geht. Sie wären froh, wenn sie den Prozess vorher abbrechen könnten. Sie hegen vage Befürchtungen, dass sie Ihrem Kunden zu nahe treten, ihn drängen oder die ganze Beziehung auf das Spiel setzen, wenn sie ihn mit zu hohen Preisen „verschrecken".

Praxis-Tipp:

Haben Sie mehr Mut im Abschluss!

Unterwerfen Sie sich keiner voreiligen inneren Zensur, was den Preis betrifft. Meistens stellen sich Befürchtungen, wie der Kunde sich bei vermeintlich „zu teuren" Preisen verhält, als unrealistisch heraus. Riskieren Sie mehr: Nennen Sie höhere Preise als sonst und testen Sie die Reaktion der Kunden.

Sie werden mit Sicherheit keine Kunden verlieren, nur weil Sie höhere Preise nennen. Es kommt nicht auf den Preis an, sondern auf die Beziehung, die Sie vorher geknüpft haben. Ihre Art ist grundsätzlich so freundlich, dass kein Kunde die Beziehung zu Ihnen in Frage stellen wird, nur weil Sie völlig zu Recht ein Geschäft mit ihm machen wollen. Beobachten Sie einmal Ihre roten Kollegen, dann merken Sie, was es heißt, beim Abschluss zu drängeln und den Kunden zu überrumpeln. Davon sind Sie meilenweit entfernt.

Typischer Fehler von grünen Verkäufern: Eine bedeutungsschwangere Pause, ehe sie den Preis nennen.

Beispiel:

Kunde: „Und was kostet mich die Maschine jetzt?"

Verkäufer (Schaut den Kunden eindringlich an, holt tief Luft, plustert sich etwas auf und sagt dann mit angespannter Stimme): „Sie werden mit 5 400 EUR rechnen müssen." (Macht wieder eine Pause, schaut schuldbewusst und wartet auf die Reaktion des Kunden).

Kunde (Überlegt in der Pause. Das Gefühl des Verkäufers, dass der Preis zu hoch ist, überträgt sich auf ihn): „Naja, das kann ja wohl noch nicht Ihr letztes Wort sein. Da müssen wir beide aber noch mal gründlich rechnen." (Er hat seine Chance erkannt und nutzt sie.)

Geben Sie Ihrem Kunden nicht zu viel Zeit zum Nachdenken. Formulieren Sie den Preis zügig, entschlossen und positiv. Anschließend stellen Sie dem Kunden eine Frage, so dass er eine Antwort geben muss und weniger Zeit zum Nachdenken hat.

Entscheidend ist auch Ihre Körpersprache. Sie zeigt, was Sie wirklich denken. Ein Kardinalfehler bei der Preisnennung ist, unwillkürlich die Stimme zu senken, wenn der Preis genannt wird – nach dem Motto: „Unter uns gesagt: Hier ist Ihr ganz persönlicher Preis!"

Sicherlich möchte jeder Kunde einen ganz persönlichen Preis heraushandeln. Aber das darf auch nicht zu anbiedernd wirken. Der Kunde denkt: „Warum wird der jetzt so kleinlaut, wenn es um den Preis geht. Na, da ist noch mehr herauszuholen!" Bemühen Sie sich deshalb darum, den Preis mit fester Stimme und in normaler Lautstärke zu nennen.

Praxis-Tipp:

Ihre Preisnennung muss überzeugend erfolgen

Der Preis sollte im ganz normalen Sprachfluss eingebettet sein, dann kommt er am natürlichsten und überzeugendsten beim Kunden an.

Auch für Sie ist es wichtig, sich Ihr Angebot genau vorher zu überlegen. Sonst werden Sie im Moment der Preisverhandlung unsicher und machen Zugeständnisse, die Sie später bereuen. „Nein" zu sagen, fällt Ihnen schwer – für Ihre Geschäfte ist es aber wichtig, dass Sie standhaft bleiben, wenn ein Kunde Ihr letztes Angebot nicht annehmen will. Sonst verlieren Sie nicht nur Geld, sondern auch bald den Respekt Ihrer Kunden.

Das bedeutet auch: Räumen Sie Ihrem Kunden nicht umgehend Bedenkzeit ein, wenn er die Sache noch einmal „überschlafen" will. Bleiben Sie stattdessen hartnäckig und laden Sie ihn dazu ein, seine Bedenken mit Ihnen zu besprechen. Solange Sie ihm gegenübersitzen, können Sie seine Entscheidung mit beeinflussen. Ist er zu Hause oder alleine in seinem Büro, unterliegt seine Entscheidung ganz anderen Einflussfaktoren.

Entscheidet sich der Kunde gegen Ihr Angebot, so neigen Sie dazu, das persönlich zu nehmen. Auch das ist ein Grund, warum Sie den Abschluss fürchten. Deshalb ist es wichtig für Sie, deutlich zwischen Beziehung und Sache zu trennen.

Eine Entscheidung gegen das Produkt bedeutet keine Entscheidung gegen den Verkäufer. Lehnt ein Kunde Ihr Angebot ab, so fragen Sie nach den Ursachen, damit bei Ihnen kein falscher Eindruck zurückbleibt. Vielleicht will der Kunde nur etwas pokern, um Ihre Standfestigkeit zu testen.

Checkliste: Aspekte, die Sie verbessern können

- Trauen Sie sich mehr zu, Sie sind besser, als Sie denken.
- Lassen Sie sich nicht zu sehr von Ihren Werten und Überzeugungen steuern.
- Bereiten Sie sich auf Zwischenfälle vor.
- Seien Sie energischer im Preisgespräch, lassen Sie sich nicht einschüchtern.
- Drücken Sie auch durch Ihre Körpersprache mehr Sicherheit aus.

Ihre schwierigsten Kunden sind die roten und blauen Typen.

Um an einen roten Kunden zu verkaufen, sollten Sie

- sich nicht einschüchtern lassen,
- seine ruppige Art nicht persönlich nehmen,

- energischer und offensiver argumentieren,
- keine allzu persönliche Beziehung erwarten, sowie
- schneller vorgehen, als es Ihnen eigentlich liegt.

Um an einen blauen Kunden zu verkaufen, sollten Sie

- keine persönliche Beziehung von ihm erwarten,
- schnell zur Sache kommen,
- viele, detaillierte Informationen geben,
- sich nicht verunsichern lassen, wenn er nicht lächelt oder verbindlich ist,
- freundlich, aber distanziert sein,
- andere Werte respektieren, sowie
- seine Skepsis nicht persönlich nehmen oder auf Ihr Produkt beziehen.

Keine Probleme haben Sie mit grünen Typen, denn diese sind wie Sie, sowie mit gelben Typen, auch wenn Ihnen ihre überschwängliche Art persönlich nicht liegt. Aber sie sind entgegenkommend und machen Ihnen den Verkauf nicht schwer.

5. Etwas lockerer und weniger detailliert – was Sie als blauer Verkäufer besser machen können

Der Knackpunkt für Ihren Verkaufserfolg liegt in Ihrer Persönlichkeit. Sie wirken auf andere Menschen verschlossen, abweisend und kühl. Sie mögen noch so kompetent sein – die meisten Menschen möchten von jemandem kaufen, der auch mal lächelt und

Ihnen signalisiert, dass er Sie als Mensch wahrnimmt und respektiert. Das bereitet Ihnen aber große Schwierigkeiten, denn es leuchtet Ihnen nur schwer ein, dass nicht das Produkt und Ihre Kompetenz allein entscheiden.

Beziehungsaufbau

Hier liegt für Sie die größte Herausforderung. Zunächst einmal darin, überhaupt die Bedeutung von Beziehung im Verkauf anzuerkennen, denn wenn Sie nicht davon überzeugt sind, werden Sie sich auch nicht bemühen, Beziehungen aufzubauen.

Beziehungsaufbau fängt schon bei der Begrüßung an. Lächeln Sie, schauen Sie Ihren Kunden offen an, reden Sie unter Umständen auch ein paar Dinge über den Alltag, das Wetter oder den Stau, in dem Sie standen. Wenn Sie nicht wissen, was Sie sagen sollen, dann bereiten Sie mit Hilfe eines grünen oder gelben Kollegen ein paar auflockernde Fragen und Bemerkungen vor. Geben Sie etwas Persönliches von sich preis, so dass Ihr Gegenüber merkt, dass Sie ein freundlicher Mensch sind und nicht so kühl, wie Sie zunächst wirken. Empfangen Sie den Kunden bei sich, so bieten Sie etwas zu trinken an und lassen ihm etwas Zeit, um anzukommen.

Praxis-Tipp:

Beziehung geht vor Sache

Erst muss die Beziehung stimmen, dann geht es um die Sache. Reden Sie deshalb nicht umgehend vom Geschäft, sondern widmen Sie die ersten fünf bis zehn Minuten des Gesprächs dem Aufbau einer persönlichen Beziehung.

Nehmen Sie sich während des gesamten Verkaufsprozesses immer wieder Zeit, die Beziehung zu pflegen, indem Sie fragen, ob Ihr Kunde alles verstanden hat, ihm zuhören, wenn er was von sich erzählt, und einfach nur immer wieder freundlich blicken und ein Lächeln einfließen lassen.

Bedarfsklärung

Exzellent ist Ihre Vorbereitung. Sie haben alle notwendigen Materialien beisammen und alles, was Sie über den Kunden im Vorfeld herausfinden konnten, gründlich studiert. Das macht Eindruck, Ihr Kunde merkt, dass Sie ihn ernst nehmen.

Auch Ihre Bedarfsklärung ist hervorragend. Sie sind Meister der sondierenden Frage und treffen meist rasch direkt den Kern des Problems. Sie stellen so lange Fragen, bis Sie das Problem wirklich von allen Seiten verstanden haben. Auch das kommt bei den meisten Kunden sehr gut an.

Dennoch sollten Sie darauf achten, sich nicht zu sehr ins Detail zu vertiefen. Bei aller Genauigkeit riskieren Sie, sich in Kleinigkeiten zu verlieren und den Zusammenhang zu vergessen. Das kostet viel Zeit, die der Kunde vielleicht nicht hat. Und möglicherweise hat er auch nicht die Geduld, den ganzen Prozess so intensiv zu durchlaufen.

Ihre Fragen können, besonders wenn Sie dazu einen ernsten und kritischen Gesichtsausdruck machen, leicht taktlos und herablassend wirken. So, als müssten Sie Ihrem Kunden erst mal dazu verhelfen herauszufinden, was er eigentlich will.

Selbst wenn dem so ist – das dürfen Sie ihn natürlich nicht spüren lassen. Achten Sie deshalb auf Ihre Körpersprache. Wenden Sie sich Ihrem Kunden offen zu, lächeln Sie, legen Sie Ihre Stirn nicht in Dauerfalten. Blicken Sie offen und interessiert, nicht skeptisch und misstrauisch.

Präsentation

Da Sie ein echter Experte sind, ist Ihre Präsentation überzeugend, stimmig und mit Fakten und Informationen gespickt. Achten Sie darauf, dass Sie Ihren Kunden nicht überfordern. Zu viele Informationen erschlagen und ermüden. Am Ende vergisst man alles, weil man zu sehr bombardiert wurde. Konzentrieren Sie sich auf die Fakten, die zum Bedarf Ihres Kunden passen, auch wenn Sie damit noch längst nicht alles über Ihr Produkt erzählt haben.

Entscheidend für den Kauf sind die Emotionen, die Sie bei Ihrem Kunden wecken. Präsentieren Sie also nicht zu trocken und spröde, sondern versuchen Sie, das Produkt oder die Leistung in dessen Leben zu „integrieren". Vermitteln Sie ihm eine Vorstellung davon, wie er das Produkt nutzt, welche Vorteile er daraus zieht. Gehen Sie dabei nicht vom Produkt aus, sondern vom Kunden. Stellen Sie ihm nur das vor, was interessant für ihn und seine spezifische Situation ist. Von der Vorstellung, dass Sie einem anderen „alles" über Ihr Produkt erzählen können, was Sie selbst darüber wissen, müssen Sie sich verabschieden. Das interessiert nur einen blauen Kunden.

Abschluss und Preisgespräch

Lassen Sie den Kunden ohne eine Entscheidung, aber dafür mit einer Menge Material nach Hause gehen, kommt er nicht wieder. Sicherlich haben Sie Verständnis, wenn Ihre Kunden Zeit zum Nachdenken brauchen – so geht es Ihnen ja auch.

Aber die meisten Menschen brauchen eine wesentlich kürzere Bedenkzeit als Sie selbst. Sie brauchen vielmehr einen „Kick", um zu einer Entscheidung zu kommen. Es ist Ihre Aufgabe, ihnen diesen Anstoß zu geben.

Auch auf das Preisgespräch sind Sie als blauer Verkäufer hervorragend vorbereitet. Sie haben sich vorher überlegt, was Sie verlangen wollen, und auch, was Sie bereit sind, nachzulassen oder als Wert dazuzugeben. Seien Sie aber nicht zu starr darauf fixiert, sondern gehen Sie auf Ideen und Anregungen Ihres Kunden ein. Er muss das Gefühl haben, mit über den Preis bestimmen zu können. Vielleicht hat er sich auch vorher Gedanken gemacht, was das Angebot für ihn umfassen muss, damit er zustimmen kann. Fragen Sie ihn deshalb nach seinen Vorstellungen, ehe Sie ihm Ihr detailliertes Angebot unterbreiten.

Vermeiden Sie im Preisgespräch unbedingt jegliches „Technogequatsche". Alle wichtigen technischen Daten und Fakten, die für den Kunden interessant sind, haben Sie schon in Ihrer Präsentation behandelt. Der Kunde zahlt den Preis nicht für technische Feinheiten, sondern für den Vorteil, den er sich von Ihrem Produkt verspricht. In Ihrer Argumentation sollten Sie in dieser Phase vor allem auf seine Kaufmotive und den Nutzen abheben.

Wichtig für Sie ist dabei, dass Sie sich nicht zu sehr auf das Sachliche, den Preis und die Verhandlung konzentrieren, sondern den Kunden im Auge behalten. Womöglich hat er noch Bedenken, die es auszuräumen gilt, oder er ist einfach noch nicht begeistert. Gehen Sie auf seine Gefühle ein, führen Sie ihm vor Augen, welche angenehmen Gefühle mit dem Kauf Ihres Produkts verbunden sind.

Checkliste: Aspekte, die Sie verbessern können

- Seien Sie freundlich und zeigen Sie das deutlich.
- Reden Sie auch über allgemeine Themen, nicht nur über das Geschäftliche.
- Behalten Sie den roten Faden im Auge, verlieren Sie sich nicht im Detail.
- Gehen Sie vom Kunden aus, weniger vom Produkt.
- Führen Sie den Kunden zu einer Entscheidung.

Wie verkaufen Sie sich am besten?

Ihre schwierigsten Kunden sind die gelben und roten Typen.

Um an einen gelben Typen zu verkaufen, sollten Sie

- ihm Gelegenheit geben, von sich zu erzählen, und anteilnehmend zuhören,
- ihm das Lebensgefühl ausmalen, das das Produkt ihm geben wird,
- über seine Witze lachen und nicht genervt sein,
- ihm so wenig Fakten und Informationen zumuten wie möglich, sowie
- ihm innovative Produkte verkaufen.

Um an einen roten Kunden zu verkaufen, sollten Sie

- ihn nicht mit Fakten überschütten,
- ihm die Führung überlassen,
- ihm Alternativen anbieten, zwischen denen er sich entscheiden kann,
- ihm Ihre innovativsten Produkte verkaufen,
- nicht überrascht sein, wenn er Kaufbereitschaft signalisiert, ehe Sie mit Ihrer Präsentation fertig sind,
- nicht die Information in den Mittelpunkt stellen, sondern den Abschluss, sowie
- flexibel beim Abschluss sein und ihn in manchen Punkten gewinnen lassen.

Keine Probleme haben Sie mit blauen Kunden, denn diese sind wie Sie. Allerdings geht es nicht um Informationsaustausch, sondern letztlich darum, ein Geschäft zu machen!

Auch mit grünen Kunden haben Sie keine Schwierigkeiten, wenn Sie sich ausdrücklich bemühen, eine Beziehung aufzubauen. Der Grüne ist aber an ausführlichen Informationen interessiert und verliert nicht so schnell die Geduld.

Übung: Was können Sie verbessern?

Überlegen Sie sich, was Sie konkret an Ihrem Verkaufsverhalten verbessern könnten:

- Welche Verkaufsphasen liegen Ihnen nicht besonders?

  ....

- Was sind Ihre hauptsächlichen Fehler/Schwächen in diesen Phasen?

  ....

- Was möchten Sie konkret ändern, um diese Fehler/Schwächen zu vermeiden?

  ....

- Bei welcher Gelegenheit werden Sie Ihr neues Verhalten ausprobieren?

  ....

Knigge für erfolgreiche Preisgespräche

- Seien Sie gegen Widerstand und Einwände gewappnet. Der Kunde wird Ihnen nicht sofort zustimmen.
- Rüsten Sie innerlich auf, indem Sie von Ihren Preisen überzeugt sind und sich mit entsprechenden Argumenten ausstatten.
- Konzentrieren Sie sich auf das Gespräch und denken Sie an nichts anderes, auch nicht daran, dass es ungünstig verlaufen könnte.
- Seien Sie gut gelaunt. Niemand verhandelt gerne mit einem Miesepeter.
- Bewahren Sie Ihre Zuversicht. Sie werden erfolgreich sein!
- Schätzen Sie den Kunden! Erkennen Sie seine Stärken an und machen Sie ihn zu Ihrem Partner.
- Geben Sie sich Zeit – sowohl, was das Preisgespräch betrifft, als auch Ihre Entwicklung als Verkäufer.
- Lassen Sie die Situation ruhig auf sich zukommen. Sie verfügen über genügend Optionen, um angemessen zu reagieren.
- Bleiben Sie ruhig. Wenn Sie hektisch oder nervös werden, haben Sie auch nicht mehr Aussicht auf Erfolg.
- Vermeiden Sie ein „Nein". Suchen Sie bis zuletzt nach einem Kompromiss.

6. Fazit: Beobachten Sie Ihren Kunden ganz genau!

Ihren eigenen Typ zu kennen, ist wichtig, um Ihre Wirkung zu verstehen. Aber erst wenn Sie auch Ihren Kunden richtig einordnen können, haben Sie die Chance, sich in Ihrem Verhalten auf ihn einzustellen.

Sie können schnell seine Vorlieben und Bedürfnisse einschätzen. Sie wissen, wie Ihr eigener Typ bei ihm ankommt und können Ihr Verhalten entsprechend ändern.

Den Typ Ihres Kunden finden Sie heraus, indem Sie genaue Beobchtungen anstellen, und zwar hinsichtlich

- des ersten Eindrucks,
- der Umgebung, die er wählt,
- seiner Körpersprache,
- seiner Erwartungen an Sie,
- seines Verhaltens,
- seines Kommunikationsstils und
- seiner Art, Preisgespräche zu führen.

Oft sagen Kleinigkeiten viel aus: der Händedruck, Fotos auf dem Schreibtisch, die Kleidung. Mit der Zeit werden Sie Ihre Beobachtungsgabe schärfen und einen Blick dafür gewinnen, um welchen Typ es sich handelt.

Praxis-Tipp:

Beobachtungen sind keine Wertungen

Noch einmal: Was Sie beobachten, sollten Sie nicht bewerten. Die einzelnen Typen mögen Ihnen mehr oder weniger liegen – aber jeder hat seine „Existenzberechtigung". Es geht nicht darum, zu sagen: „Wie schrecklich, ein autoritärer Roter!", oder: „Wieder so ein langweiliger Blauer!". Jeder Typ hat seine Stärken und seine Schwächen. Ziel ist, dass Sie mit jedem Typ zurechtkommen. Bewerten sollten Sie die Unterschiede möglichst nicht.

Keine Angst vor hohen Preisen

4

1. Trend zu billigen und teuren Produkten

Eines haben alle Persönlichkeitstypen gemeinsam: Sie fürchten das Preisgespräch. Jeder hat eine andere Art und Weise, damit umzugehen.

- Der Rote überspielt seine Befürchtungen und würde sie nie zugeben. Seine Devise: Angriff ist die beste Verteidigung, soll der Kunde es nur wagen, was gegen den Preis zu sagen;
- der Gelbe versucht seine Ängste durch Leutseligkeit und Stimmungsmache zu überspielen;
- der Grüne neigt dazu, zu resignieren und sich mit weniger vorteilhaften Abschlüssen zufrieden zu geben;
- der Blaue schließlich verbeißt sich in zähe Verhandlungen mit dem Risiko, dass der Kunde entnervt das Handtuch wirft.

In einem Punkt dürften sich jedoch alle einig sein: Der Preis ist zu hoch. Schnell wird der Ruf nach billigeren Produkten (von gleicher Qualität) laut, die einfach leichter zu verkaufen seien. Dem scheint der Trend Rechnung zu tragen: Billigangebote, Ausverkaufs-, Schlussverkaufs- und Räumungsverkaufsangebote häufen sich, Niedrigpreisketten florieren. Produkte, die früher nur über den Fachhandel zu beziehen waren, findet man jetzt billiger und in gleicher Qualität im Supermarktregal. Dazu kommt, dass seit der Abschaffung des Rabattgesetzes das Feilschen erlaubt ist. Wer handelt, steht längst nicht mehr im Ruch, sich das Produkt nicht leisten zu können.

Haben Verkäufer, die „normale" oder gar teure Produkte oder Leistungen anbieten, überhaupt noch eine Chance? Allerdings. Dafür spricht die Bandbreite an hochwertigen Artikeln, die guten

Absatz finden: Ob teure Automarken, exklusive Kleidung, stilvolle Einrichtung, individuelle Urlaubsreisen, trendige Sportartikel oder topgestylter Haarschnitt – ist der Kunde vom Produkt oder von der Leistung überzeugt, so greift er dafür auch tiefer in die Tasche.

Billige und teure Produkte schließen sich nicht gegenseitig aus. Im Gegenteil: Die Beobachtung zeigt, dass Sie sich gegenseitig bedingen und fördern. Früher lagen die meisten Preise im mittleren Bereich, wie die Kurve zeigt:

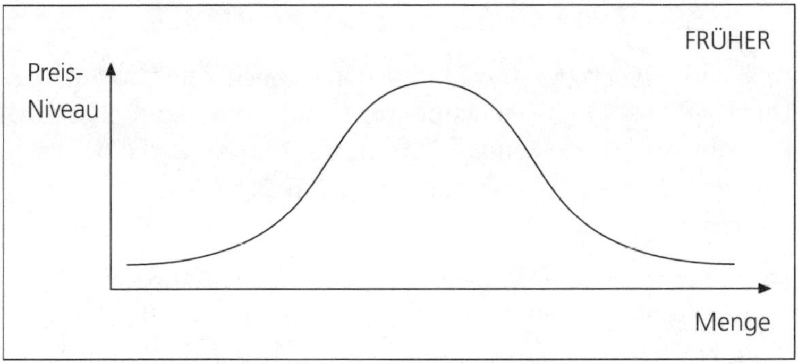

Der Kunde hatte das Gefühl, dass er frei wählen konnte. Tatsächlich wurden Preise und Produkte immer einheitlicher und stereotyper.

Das hat sich geändert. Die Verbraucher wollen nicht mehr alle dasselbe. Sie wollen eine größere Vielfalt bei der Auswahl – und auch beim Preis. Manche Produkte wollen sie so billig wie möglich beziehen – das erklärt den Erfolg der Billigketten und Schnäppchenangebote. Aber damit erschöpft sich der Bedarf nicht. Viele Kunden wollen sich abheben und sind bereit, dafür mehr Geld auszugeben. Sie bevorzugen exquisite und damit auch teure Produkte. Der Markt hat sich aufgeteilt in Billig- und Luxusanbieter. Was nicht heißt, dass die einen Kunden ausschließlich billig und die anderen nur teuer kaufen. Wer Jeans bei Joop kauft, holt sich trotzdem bei Aldi die Flasche Rotwein.

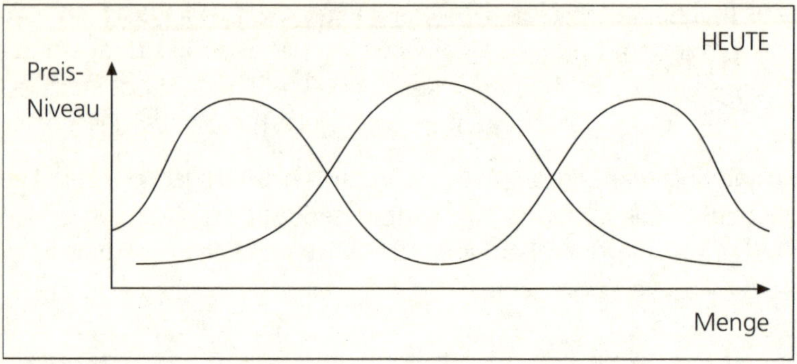

Die Umverteilung der Kurve hat sicherlich auch damit zu tun, dass Unternehmen mit „Normalprodukten" am wenigsten Geld verdienen können. Für die Rendite ist es besser, sich entweder auf Billigangebote zu spezialisieren und radikal am Sortiment, an der Beratung und am Service zu sparen.

Oder ins andere Extrem zu gehen und eine breite Auswahl, umfassenden Service, kompetente Beratung und qualitativ hochwertige Produkte und Leistungen anzubieten – zu entsprechend hohen Preisen. Die interessante Erfahrung der letzten Jahre ist: Beide Verkaufsstrategien bedingen sich gegenseitig. Wo die Billigläden zunehmen, werden auch die Luxusshops attraktiver. Die Gegensätze ziehen sich an.

Praxis-Tipp:

Wollen Sie billig oder teuer sein?

Für Unternehmen bedeutet das: Entweder sie bauen ihr Sortiment und ihren Service radikal ab, oder sie profilieren sich mit einer hervorragenden Leistung und einem hohen Preis – dazwischen gibt es nichts mehr.

2. Hervorragende Beratung bedeutet hohe Preise

Haben Sie sich entschieden, sich bei Ihren Kunden durch kompetente und herzliche Beratung zu profilieren, so bedeutet das auch: Sie haben sich für hohe Preise entschieden. Das ist völlig legitim, denn sonst könnten Sie sich Ihren Service bald nicht mehr leisten. Es gibt etliche Gründe, die für hohe und gegen niedrige Preise sprechen.

Gründe, die gegen niedrige Preise sprechen

- Niedrige Preise bedeuten niedrige Rendite. Das Unternehmen kann keine Rücklagen bilden, kann nicht investieren und steht somit bei Schwierigkeiten sofort vor dem Konkurs.
- Die Preise sind niedrig, weil der Service häufig gleich null und das Sortiment minimal ist. Kompetente Beratung findet so gut wie nicht statt.
- Der Kunde vertraut billigen Produkten oft nicht: Was billig ist, muss Ramsch sein.
- Beim Billigen kauft man wegen des Preises.
- Verkäufer von Billigware müssen sich täglich mit dem Misstrauen der Kunden auseinander setzen. Verkaufen ist nicht wirklich leichter.

Gründe, die für hohe Preise sprechen
■ Hohe Preise bringen eine hohe Rendite. Ihr Unternehmen hat die Kraft, in die Zukunft zu investieren. Es wird das Unternehmen (samt seinem Service, Ersatzteilen etc.) auch morgen noch geben. ■ Wer teure Preise hat, kann sich umfassende Marketingmaßnahmen und hervorragenden Service leisten. ■ Ein hoher Preis verspricht auch ein hohes Image. Das Vertrauen in das Produkt/die Leistung ist viel größer. ■ Große Fische schwimmen nicht in kleinen Teichen: Wenn Sie bedeutende Kunden anziehen wollen, dürfen Sie nicht in der Billigliga mitspielen.

Besonders in unserer Kultur ist der Preis und sein Wert sehr stark verankert. Was nichts kostet, ist nichts wert!

3. Gründe für die Angst vor hohen Preisen

Der Widerstand von Verkäufern gegen hohe Preise ist aber häufig nicht rational. Der Kopf sieht ein, wogegen der Bauch sich wehrt. Ängste und Befürchtungen vor dem Preisgespräch sind mit rationalen Argumenten nicht aus der Welt zu schaffen. Was fehlt, ist die innere Überzeugung, die Identifikation mit dem hohen Preis. Die Ursachen dafür liegen oft bereits in vom Elternhaus geprägten Einstellungen zu Geld: „Es muss nicht immer das Teuerste sein." „Spare in der Zeit, dann hast du in der Not." Aber auch in Fantasien der Verkäufer, die bei näherer Betrachtung völlig unrealistisch sind: „Der Kunde wird total ärgerlich werden und das Gespräch abbrechen, wenn er den Preis hört."

Ändern können Sie diese meist unbewussten Einstellungen nur, indem Sie sie bewusst hinterfragen und sich entscheiden, ob diese für Sie heute noch gültig sein sollen. Die folgende Übung kann Ihnen dabei helfen.

Übung: Warum sind Ihnen hohe Preise unangenehm?

Aus welchen Gründen fällt es Ihnen schwer, gegenüber Kunden hohe Preise zu vertreten?

- Sie fürchten, der Kunde könnte rundheraus Nein sagen, auf dem Absatz kehrtmachen oder Sie aus seinem Büro schmeißen, ohne überhaupt zu verhandeln? Wie oft ist Ihnen das schon passiert?
- Zu Hause mussten Sie aufs Geld schauen: „Das tut es doch auch!" Produkte oder Leistungen zu hohen Preisen kamen überhaupt nicht in Frage. Haben Sie diese Haltung immer noch verinnerlicht?
- In Ihrem Elternhaus herrschte die Einstellung: „Gutes muss nicht teuer sein!" Luxus war eher anrüchig. „Wir wollen ja nicht angeben, das haben wir nicht nötig." Sind Sie innerlich immer noch davon überzeugt?
- Sie hatten nie viel Geld in der Tasche (Taschengeld, Lehrlingslohn, erstes Gehalt). Irgendwie erwarten Sie innerlich, dass es Ihrem Kunden ebenso geht und er sparen muss.
- Sind Sie es einfach (noch) nicht gewohnt, mit großen Zahlen umzugehen?
- Schieben Sie verkäuferischen Misserfolg als Erstes auf den Preis, ehe Sie andere Ursachen bei sich und Ihrem Verkaufsstil suchen? Nach dem Motto: „Bei den Preisen kann man ja keine Geschäfte machen."

Welche dieser oder ähnlicher Überzeugungen spiegeln Ihre eigene Einstellung? Sortieren Sie veraltete Ansichten aus und ersetzen Sie sie durch neue Erkenntnisse.

Antworten Sie nie: „Im Verhältnis wozu?"

Noch immer wird vielen Verkäufern beigebracht, dass Sie auf den Einwand: „Zu teuer!" die Gegenfrage „Im Verhältnis wozu?" stellen sollen. Diese Reaktion sollten Sie unbedingt vermeiden, denn ...

- die Formel ist uralt und wird seit 30 Jahren trainiert,
- jeder clevere Kunde lacht nur darüber,
- die Antwort kann sowieso nur sein: „Im Verhältnis zu Ihrer Konkurrenz!"

4. Gönnen Sie Ihrem Kunden den Spaß

Drehen Sie den Spieß einfach um: Statt das Preisgespräch zu fürchten, können Sie sich auch darauf freuen. Sie sitzen nur vermeintlich am kürzeren Hebel, wenn Sie sich nicht nur auf Ihr Produkt, sondern vor allem auch auf einen hervorragenden Verkaufsstil stützen. Dann braucht der Kunde Sie ebenso wie Sie den Kunden. Sie feilschen als Ebenbürtige um den Preis.

Und feilschen gehört einfach dazu. Für einen roten und einen blauen Kunden ganz selbstverständlich, aber auch ein gelber und ein grüner freuen sich, wenn Sie einen kleinen Vorteil erhandelt haben. Wahrscheinlich geht es Ihnen genauso, wenn Sie selbst Kunde sind. Also gönnen Sie Ihrem Kunden das gleiche Erlebnis. Lassen Sie ihn doch ein bisschen feilschen. Betrachten Sie das Ganze etwas spielerischer. Hat der Kunde Spaß und merkt, dass Sie kein Spielverderber sind, dann steigen Sie in seiner Achtung. Gehen Sie dagegen nach dem Motto „Friss oder stirb!" vor, dann machen Sie sich selbst mehr Arbeit als nötig. Denn natürlich müssen Sie dann erklären, warum Sie unabänderlich auf Ihrem Preis beharren.

Beispiel:

Der Verkäufer bietet seinen Kunden den Vorführwagen seines Autohauses zu einem speziellen Preis an. Die Kunden horchen auf und haben sichtlich Interesse. Um diesen Spezialpreis zu erfahren, muss der Verkäufer aber zu seinem Chef, weil dieser die Preise für die Vorführwagen „festlegt". Nach einer Weile kommt er mit einem Angebot zurück. Der Chef selbst tritt nicht in Erscheinung. Es gibt keinen Verhandlungsspielraum für den „speziellen" Preis. Das macht keinen Spaß. Die Kunden ziehen verwundert über diese Art der Preisverhandlung mit einem „unsichtbaren Dritten" ab und kaufen Ihr Auto woanders.

Praxis-Tipp:

Handeln gehört zur Marktwirtschaft

Wer Wettbewerber hat, muss sich auf Preisverhandlungen einstellen. Nur Monopolisten können Preise anbieten, die unverhandelbar sind. Bei allen anderen heißt es: Dem Preis müssen sowohl Verkäufer als auch Kunde zustimmen.

5. Lassen Sie den Kunden nicht auf den Preis schauen

Ob etwas „zu billig" oder „zu teuer" ist, ist relativ. Die Frage ist doch: Im Vergleich zu was? Meistens schielen die Kunden auf den Wettbewerber: „Bei dem kostet das aber so und so viel!" Doch bietet der Wettbewerber dafür wirklich die gleiche Leistung? Sind die Preise einfach so vergleichbar?

Es liegt an Ihnen, die Aufmerksamkeit des Kunden weg vom Wettbewerber und auch weg vom Preis selbst zu lenken. Er sollte vor allem eines sehen: Was er bei Ihnen für sein Geld bekommt, welche Vorteile, welchen Nutzen er erzielt. Wenn er den Wert seines Kaufs schätzen kann und das Gefühl hat: „Der Kauf hat sich gelohnt, dafür habe ich eine Menge erhalten", dann ist der Preis plötzlich gar nicht mehr so wichtig.

Sie können beeinflussen, was beim Kunden ankommt und hängen bleibt: Der hohe Preis – oder der Wert, den das Produkt für ihn hat.

Bleibt der Preis hängen, ist klar: Er wird sich nach etwas Billigerem umschauen. Erkennt er dagegen den Wert und den eigenen Nutzen, so rückt der Preis in den Hintergrund.

Nutzen, den Ihr Produkt für den Kunden haben kann

- Er macht mit Hilfe Ihres Produkts/Ihrer Leistung Gewinn.
- Er kann Kosten einsparen.
- Er kann seine Probleme lösen, Vorgänge reibungsloser und effektiver gestalten.
- Er erzielt durch Ihr Know-how Vorteile gegenüber seiner Konkurrenz.
- Er verfügt über die innovativsten Produkte.
- Er steigert seinen Bekanntheitsgrad.
- Er profitiert von Ihrem Service.
- Seine Lebensqualität steigt: Er ist erholter, entspannter, Trendsetter, gesünder, schaut besser aus . . .

Der Kunde will möglichst „viel" Produkt für möglichst wenig Geld. Der Verkäufer will möglichst viel Geld für möglichst „wenig" Produkt. Dass es hier einen Interessenkonflikt gibt, liegt auf der Hand. Aber dahinter wird deutlich: Beide wollen etwas voneinander. Wenn der Verkäufer dem Kunden klar macht, dass er „sehr viel" Produkt, also einen großen Nutzen, für eine angemessene Summe Geld bekommt, dann liegt der Fokus plötzlich nicht mehr auf dem Geld, sondern auf dem Gegenwert dafür.

Vermitteln Sie Ihrem Kunden das Gefühl, dass er mehr bekommt, als er gibt. Bestärken Sie ihn darin, dass

- er das Produkt unbedingt haben will, weil er davon einen großen Nutzen hat, und
- der Preis „vernünftig" und durch den Nutzen gerechtfertigt ist.

Es muss Ihnen also gelingen, dem Kunden den Preis schmackhaft zu machen. Das Produkt, Ihre Beratung, Ihr Service müssen für ihn einen persönlichen Wert bekommen. Dann ist er auch bereit, einen höheren Preis zu bezahlen.

Praxis-Tipp:

Rare Produkte sind am teuersten

Für Produkte, die einen Seltenheitswert haben, sind viele Menschen bereit, hohe Summen zu bezahlen. Das gilt nicht nur für Sammlerstücke aus Kunst und Kultur. Der Ferrari, auf den man längere Zeit warten muss, ist genauso begehrt wie der nächste Band von Harry Potter, bei dem nur wenige auf die billigere Taschenbuchausgabe warten. Gelingt es Ihnen, Ihrem Produkt einen Seltenheitswert zu geben, so wird es für Ihre Kunden noch attraktiver.

Wann ist ein Produkt etwas „wert"?

Wert ist natürlich immer eine individuelle Sache. Eine alte Puppe kann für jemanden größeren Wert haben als ein teures Designersofa. Er verbindet damit Gefühle an die „gute alte Zeit", in der echte Handarbeit noch was bedeutete. Ein anderer kann das nicht nachvollziehen.

Wert ergibt sich nicht nur aus den messbaren, objektiven Qualitätsmerkmalen eines Produkts (Material, Verarbeitung, technischer Standard etc.), sondern aus einer ganzen Reihe subjektiver Faktoren wie:

- nostalgische Gefühle,
- Steigerung des Lebensgefühls („Ich will das Leben heute genießen, wer weiß, was morgen kommt"),
- das Image und Prestige, das mit der Marke oder dem Hersteller verbunden ist, und auf den Besitzer übertragen wird (so die Erwartung),
- positive Erfahrungen, die Dritte mit dem Produkt gemacht haben,
- Vorteile für die Familie, Nachkommen und Erben,
- erhoffte Gewinne in der Zukunft.

Der Wert eines Produkts kann aber auch durch Faktoren beeinflusst werden, die mit dem Verkauf zu tun haben:

- kompetente, sympathische Beratung, bei der sich der Kunde wohl fühlt,
- breites Sortiment mit ergänzenden Produkten und Ersatzteilen,
- unkomplizierte, verlässliche Lieferbedingungen,
- zuverlässiger Service und Kundendienst,
- regelmäßige Information über neue Entwicklungen, Gesetzesänderungen etc.

Jeder Farbtyp hat andere Maßstäbe, nach denen er den Wert von Produkten und Leistungen bemisst. Darauf werden wir in den folgenden Kapiteln noch ausführlicher eingehen.

Erzeugen Sie beim Kunden ein Wertbewusstsein

Verlassen Sie sich aber nicht darauf, dass Ihr Kunde den Wert Ihres Produkts oder Ihres Service sofort erkennt. Oft tragen Verkäufer selbst dazu bei, dass der Wert Ihrer Leistung von Kunden unterschätzt wird.

Stellen Sie sich vor, Ihr Kunde bräuchte dringend ein Ersatzteil für eine Maschine, die er bei Ihnen kaufte. Seine Produktion liegt lahm, er ist darauf angewiesen, dieses kleine Teil in kürzester Zeit in Händen zu halten. Weil kein Einsatz eines Technikers zum Einbau nötig ist und auch sonst niemand Zeit hat, nehmen Sie einen zweistündigen Umweg in Kauf, um dem Kunden das Teil übergeben zu können. Glücklich nimmt er es entgegen und bedankt sich überschwänglich bei Ihnen. Was ist Ihre Reaktion?

Im Normalfall antworten die meisten Menschen: „Ach, das ist doch keine Ursache!“ „Nichts zu danken, das ist doch ganz selbstverständlich!“ „Das habe ich gerne gemacht, Hauptsache, Ihnen ist geholfen!“

Doch damit verkaufen Sie sich weit unter Wert. Wie soll der Kunde diesen Service als etwas Besonderes schätzen, wenn Sie ihn als Selbstverständlichkeit hinstellen? Das machen Sie nicht jeden Tag! Ihr Besuchsplan ist durcheinander gekommen und Sie selbst müde von der Fahrerei. Warum sollte Ihr Kunde das nicht zu schätzen wissen?

Je mehr Sie Ihren Kunden verwöhnen, ohne eine Gegenleistung zu verlangen, desto anspruchsvoller wird er. Das nächste Mal wird er erwarten, dass Sie ihm ein Ersatzteil in kürzester Zeit vorbeibringen, auch wenn die Maschine zwischenzeitlich weiterlaufen kann.

Geschweige denn, dass er auf die Idee kommt, Ihnen eine Gegenleistung zu erbringen. Doch genau darum geht es: Leistung erfordert immer eine Gegenleistung. Sonst wird sie nicht geschätzt. Sonst sinkt das Bewusstsein für den Wert der Leistung, die man „frei Haus" geliefert bekam.

Deshalb sollten Sie in einem solchen Fall lieber antworten: „Stimmt, das hat mich tatsächlich einige Mühe gekostet. Ich musste drei Termine verlegen und war zwei Stunden im Auto unterwegs. Aber ich mache es gerne für Sie, weil Sie meinen Service zu schätzen wissen. Und weil ich weiß, dass Sie sich revanchieren werden."

Damit ist der Ball beim Kunden. Jetzt schuldet er Ihnen was und er weiß, dass Sie es wissen. Beim nächsten Auftrag kommt Ihnen das zugute.

Aber nicht nur da. Vor allem steigen Sie im Respekt des Kunden. Er erkennt Ihren Wert als Verkäufer sowie den Wert des Service in Ihrem Unternehmen. Er ist stolz, dass er bei Ihnen Kunde ist. Da hat er sich richtig entschieden und sein Geld richtig investiert.

Dieses Wertbewusstsein müssen Sie beim Kunden erzeugen. Er muss wissen, was gut an Ihnen ist. Aber das erfährt er nur, wenn Sie selbst es wissen und wenn Sie es ihn wissen lassen, indem Sie es deutlich aussprechen. Auch im Verkaufsgespräch, in dem Sie mit Stolz und Selbstbewusstsein über den Wert Ihres Unternehmens, seiner Produkte und Zusatzleistungen sprechen.

Ehe Sie ins Preisgespräch gehen, müssen Sie beim Kunden ein Bewusstsein über den Wert Ihres Unternehmens erzeugt haben, so dass er stolz ist, ein Produkt bei Ihnen zu kaufen. Sein Fokus liegt dann nicht mehr auf dem Preis, sondern auf dem Wert, den er bei Ihnen erhält.

Übung: Welchen Wert hat Ihr Unternehmen?

Kennen Sie den Wert Ihres Unternehmens?

- Was unterscheidet Ihr Unternehmen von anderen?

  ....

- Was ist das Besondere an Ihren Produkten/Leistungen?

  ....

- Was hebt Ihre Verkaufsphilosophie von der anderer Unternehmen ab?

  ....

- Was zeichnet Ihren Service und Ihre Kundenbetreuung aus?

  ....

- Aus welchen Gründen sind Ihre Preise höher als die von Wettbewerbern?

  ....

6. Preis senken oder Mehrwert bieten?

Wenn Sie über den Preis verhandeln, haben Sie grundsätzlich zwei Möglichkeiten:

- Sie können den Preis nachlassen und Ihr Produkt oder Ihre Leistung für weniger verkaufen.
- Sie können den Preis unverändert lassen, aber den Wert des Produkts oder der Leistung erhöhen.

Um das Produkt/die Leistung für den Kunden attraktiver zu machen, sind viele Verkäufer bereit, den Preis zu senken. Das Produkt wird billiger. Aber steigt dadurch sein Wert?

Welche Wirkung erzeugen Sie mit beiden Preisstrategien bei Ihrem Kunden? Nehmen Sie den Blickwinkel Ihres Kunden ein:

Beispiel:

Sie sehen bei Ihrem Autohändler das Sonderangebot: ein gebrauchter Mittelklassewagen für 9 999,99 EUR. Genau das, was Sie suchen. Das sagen Sie dem Verkäufer aber nicht, sondern bemängeln dieses und jenes und schließen mit: „Das Auto hat keine Winterreifen und noch nicht mal einen CD-Spieler!" Der Verkäufer wird unsicher. Er ist bereit, den Preis nachzulassen, damit er das Auto loswird. Er bietet es Ihnen für 9 000 EUR an. Sie schlagen ein, denn das entspricht 10% Nachlass.

Was denken Sie auf der Heimfahrt über den Kauf und den Nachlass? Wahrscheinlich drei Dinge:

- „Der wollte mich wohl übers Ohr hauen mit seinen 9 999,99 EUR. Hat wohl gedacht, ich bin so blöd und kaufe zu dem Preis." Sie zweifeln am Verkäufer.
- „Das Auto ist deshalb auch nicht besser als vorher, nur etwas billiger. Hoffentlich ist es die 9 000 EUR wert." Sie zweifeln am Wert.
- „Vielleicht hätte ich mich noch sturer stellen sollen und hätte noch mehr raushandeln können." Sie zweifeln am Preis.

Nehmen wir an, die Situation verläuft anders. Sie sehen das Auto, gehen zum Verkäufer, bemäkeln das eine oder andere und schließen mit: „Das Auto hat keine Winterreifen und noch nicht mal einen CD-Spieler." Der Verkäufer gibt zu: „Stimmt, das Auto ist gebraucht, das merkt man ihm an. Aber wenn es Winterreifen und einen CD-Spieler hätte, würden Sie es dann nehmen?" Sie überlegen: Einen CD-Spieler wollen Sie unbedingt, Kauf und Einbau sind lästig und teuer. Und dazu noch die Winterreifen. Ein gutes Angebot. Sie schlagen ein.

Was denken Sie auf dem Heimweg über den Kauf? Wahrscheinlich wiederum drei Dinge:

- „Der Verkäufer war wirklich entgegenkommend und hat meine Einwände ernst genommen." Sie sind überzeugt vom Verkäufer.
- „Das Auto ist mehr wert als vorher: Es hat eine bessere Ausrüstung für den gleichen Preis." Sie sind überzeugt von dem Wert.
- „Für ein gebrauchtes Auto samt den Extras ist das ein angemessener Preis." Sie sind überzeugt vom Preis.

Sie erkennen den Unterschied: Der Verkäufer hat in beiden Fällen in etwa das gleiche Geschäft gemacht. Aber im ersten Fall, beim Preisnachlass, ging sein Kunde voller Misstrauen und Zweifel nach Hause. Im zweiten Fall dagegen, bei der Wertsteigerung, war der Kunde vom Kauf überzeugt.

Praxis-Tipp:

Nachteil von Preisnachlässen

Wer über den Preis verkauft, muss mit Misstrauen und nachträglichen Nörgeleien rechnen und baut keine gute Beziehung zum Kunden auf.

Mehrwert zahlt sich bei Reklamationen aus

Jetzt können Sie sagen: „Was macht das schon! Verkauft ist verkauft!" Aber mit dem Verkauf beginnt Ihre Beziehung zum Kunden ja erst. Führen wir das Beispiel noch etwas weiter. Nehmen wir an, Sie merken beim ersten Tanken, dass das Auto satte 15 Liter verbraucht. Wie verhalten Sie sich?

- Sie fahren wutentbrannt zum Händler und reklamieren: „Das Auto ist seinen Preis nicht wert. Der verbraucht 15 Liter. Das ist nicht zu fassen. Den können Sie wiederhaben." Jetzt hat der Verkäufer ein echtes Problem.
- Sie warten, bis der Tank wieder leer ist, weil Sie nicht glauben können, dass Sie einen Missgriff mit dem Auto getan haben. Doch die Tankuhr bestätigt: 15 Liter Verbrauch. Sie fahren zum Händler, sicherlich auch erbost, aber Sie haben ja bereits die Erfahrung gemacht, dass er auf Ihre Einwände eingeht. Sie beschweren sich über den hohen Verbrauch, und der Verkäufer reagiert sehr entgegenkommend: „Lassen Sie uns den Wagen da, bis morgen schauen wir uns an, wo das Problem liegt. Und damit Sie nicht ohne Auto sind, nehmen Sie unseren Vorführwagen, ein ganz neues Modell. Selbstverständlich kostet Sie das nichts." Schon sind Sie wieder besänftigt. Am nächsten Tag kommen Sie zur Werkstatt, und der Verkäufer begrüßt Sie freudestrahlend: „Wir haben das Problem gefunden und den Wagen neu eingestellt. Der Verbrauch sollte kein Problem mehr sein." Aber das interessiert Sie gar nicht so sehr. Sie haben nämlich Feuer gefangen: „Wie wäre es", schlagen Sie dem Verkäufer vor, „wenn Sie den Gebrauchten behalten und in Zahlung nehmen und ich entscheide mich für das neue Modell?" Keine Frage, wie der Verkäufer reagieren wird!

Praxis-Tipp:

Vorteil von Mehrwert-Angeboten

Mehrleistung schafft Vertrauen und langfristige Kundenbindung.

Beide Strategien sehen Sie in den folgenden Abbildungen noch einmal bildlich dargestellt:

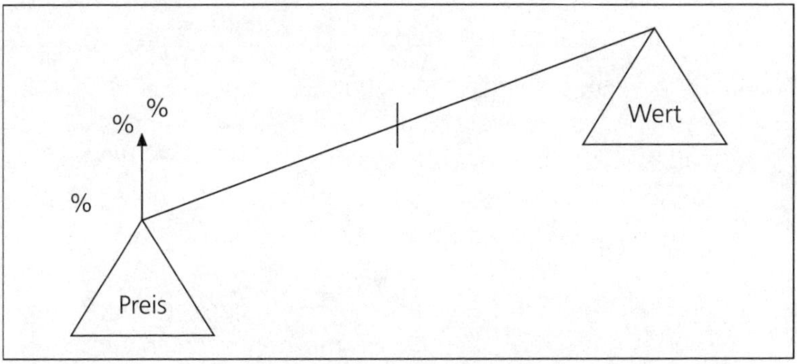

Hier wiegt der Preis schwerer als die Überzeugung des Kunden bezüglich Nutzen und Wert des Produkts. Sie haben jetzt die Möglichkeit,

- die Preisschale leichter zu machen, indem Sie den Preis senken, oder
- den Wert zu steigern, indem Sie „Gewichtiges" in die Wertschale füllen.

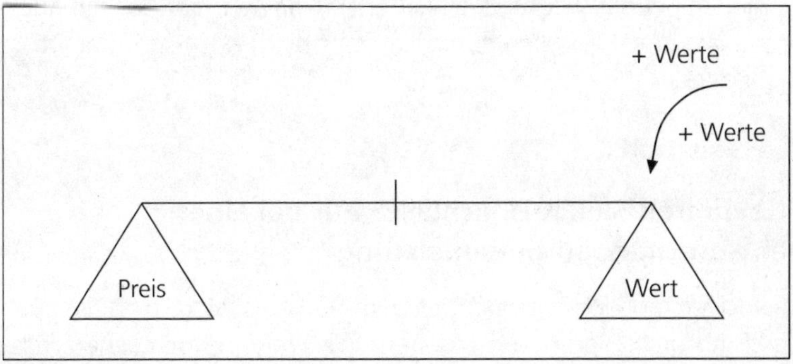

Sie müssen peu à peu Wert „nachlegen“, bis die Wertschale ganz leicht überwiegt: Das ist der Punkt, an dem sich der Kunde zum Kauf entscheidet.

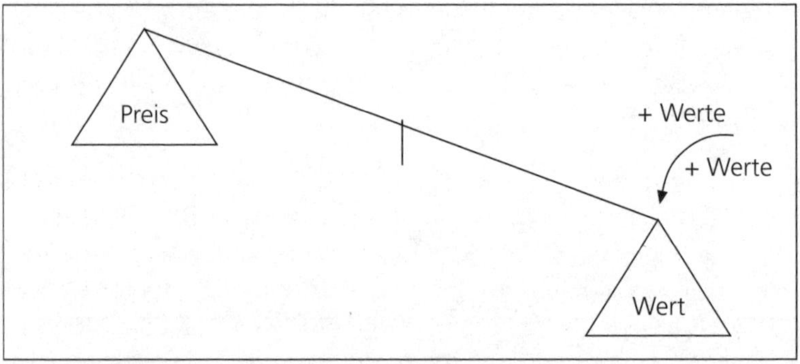

Praxis-Tipp:

Gewinnen Sie das Wohlwollen Ihres Kunden

Auch über die Preisverhandlung können Sie sich das Wohlwollen Ihres Kunden sichern. Das ist die Grundlage für eine weitere gute Beziehung. Sie wollen ja nicht nur, dass der Kunde einmal kauft. Er soll wiederkommen und das wird er nur, wenn er sich fair behandelt fühlt. Denkt er stattdessen, dass Sie ihn nur „ausnehmen“ wollen, dann kauft er beim nächsten Mal woanders.

Gewähren Sie Preisnachlässe nur bei einer entsprechenden Gegenleistung

Selbstverständlich entspricht es dem Verkaufsalltag, dass Sie auch mal mit dem Preis heruntergehen. Wir werden noch sehen, dass das bei einigen Typen die richtige Strategie sein kann. Grundsätzlich gilt aber: Lassen Sie den Preis nur nach, wenn der Kunde sich zu einer entsprechenden Gegenleistung verpflichtet. Er muss für einen Nachlass „zahlen".

Sie wissen warum: Der Kunde darf nicht den Respekt vor Ihnen verlieren. Lassen Sie heute den Preis nach, will er morgen einen weitaus größeren Rabatt. Muss er für einen Nachlass nichts tun, dann weiß er ihn nicht zu schätzen. Der Nachlass verliert an Wert und wird zur Selbstverständlichkeit.

Die Devise muss aber lauten: Zugeständnis gegen Zugeständnis. Geben und Nehmen müssen im ausgewogenen Verhältnis stehen. Im Grunde weiß das auch jeder Kunde. Das Prinzip der Gegenseitigkeit gilt ja nicht nur im Verkauf, sondern im gesamten Leben. Nur setzt es jeder auch gerne außer Kraft, wenn sich die Möglichkeit bietet, und hält die Hand auf, ohne mit der anderen etwas zu reichen.

Deshalb werden Sie Ihren Kunden nicht überraschen, wenn Sie von ihm ein Zugeständnis für einen Nachlass erwarten. Aber fordern Sie es deutlich ein. Das Angebot wird der Kunde nicht von sich aus machen.

Mögliche „Preise" für Nachlässe können sein:

- Größeres Auftragsvolumen
- Feste Jahreskontingente
- Barzahlung
- Selbstständige Abholung
- Selbstständige Montage
- Kürzere Garantiezeit
- Längere Lieferzeit

Praxis-Tipp:

Bereiten Sie sich gut auf den Tauschhandel vor

Im Eifer der Preisverhandlung mag Ihnen nicht immer das richtige Tauschgeschäft einfallen. Außerdem sollten die Zugeständnisse nicht gegen die Firmenphilosophie verstoßen, gerade wenn Sie Ihren Service einschränken. Überlegen Sie sich deshalb vorher, welche Gegenangebote Sie und Ihr Unternehmen von Ihren Kunden erwarten.

Fordern Sie Zugeständnisse ein

Solche Zugeständnisse wird Ihr Kunde wahrscheinlich nicht freiwillig machen. Warum sollte er auch? Es liegt an Ihnen, ihn klipp und klar dazu aufzufordern. Gehen Sie dabei ruhig nach der Methode „Auge um Auge, Zahn um Zahn" vor: Für jedes Zugeständnis, das Sie Ihrem Kunden machen, muss er auch Ihnen eines einräumen.

Formulierungen, mit denen Sie Ihren Kunden dazu auffordern, können folgendermaßen lauten:

- „Ich sehe da eine Chance: Ich biete Ihnen ... Sie bieten mir ..."
- „Eine Frage: Können Sie ..."
- „Wo sehen Sie eine Chance, dass Sie mir entgegenkommen können?"
- „Ich brauche Ihre Unterstützung: Man wird mich fragen ..."

7. Fazit: Stehen Sie zu Ihren hohen Preisen

Ihre hohen Preise machen Sinn. Sie sichern langfristig Ihr Geschäft, mit all dem Nutzen und Vorteilen, die Sie Ihren Kunden bieten können. Versuchen Sie deshalb nicht, an den Preisen zu rütteln, wenn es Schwierigkeiten im Verkauf gibt. An den Preisen liegt es nicht. Lassen Sie sich das von keinen (roten oder blauen) Kunden einreden.

Wenn Zweifel am Preis auftauchen, dann haben Sie den Wert und den Nutzen nicht angemessen kommuniziert – und Sie haben versäumt, eine gute Beziehung zum Kunden aufzubauen. Wenn Ihnen dies gelingt, dann zahlen Ihre Kunden Ihre Preise gerne.

Haben Sie Spaß an hohen Preisen!

- Man sieht nur, was man weiß! Beschäftigen Sie sich mit Hochpreis-Beispielen, sammeln Sie sie.
- Top Down! Genießen Sie den Umgang mit hohen Zahlen.
- Schnäppchenjäger ade! Hören Sie auf, sich nur mit Billigangeboten zu beschäftigen.
- Heule mit den Wölfen! Bewegen Sie sich im Reich der Reichen, lesen Sie deren Biografien.

Mutig und konsequent – Preisgespräche mit roten Kunden

5

1. Was muss vor dem Preisgespräch gelaufen sein?

Der rote Kunde erregt bei vielen Gesprächspartnern Angst und Schrecken. Seine direkte Art, seine oft unverblümten Aussagen können vor allem grüne und blaue Verkäufer ziemlich vor den Kopf stoßen. Andererseits ist er der Kunde, mit dem Sie am schnellsten ein Geschäft abschließen können. Wenn Sie sich nicht beeindrucken lassen, ist er ein angenehmer Kunde: Er weiß, was er will, und er kann sich entscheiden.

Damit das Preisgespräch mit Ihrem roten Kunden gelingt, müssen Sie im Vorfeld vor allem seinen Respekt errungen haben. Wenn er nichts von Ihnen hält, wird er entweder überhaupt keine Geschäfte mit Ihnen machen oder aber versuchen, Sie gnadenlos herunterzuhandeln. Was ist wichtig, um den Respekt des roten Kunden zu gewinnen?

- *Kompetenz und Selbstsicherheit:* Seien Sie überzeugt von sich und Ihrem Produkt. Zeigen Sie keinerlei Zweifel. Treten Sie eine Spur selbstbewusster auf, als Sie das normalerweise tun. Rechnen Sie damit, dass er versuchen wird, Sie zu verunsichern.
- *Sachlichkeit:* Lassen Sie sich nicht von ihm provozieren und aus der Ruhe bringen. Nehmen Sie es nicht persönlich, wenn er kleine Spitzen abfeuert. Bleiben Sie gelassen, aber bestimmt bei sachlichen Argumenten. Versuchen Sie nicht, eine persönliche Beziehung zu ihm aufzubauen. Daran ist er nicht interessiert.
- *Führung „teilen“:* Den roten Kunden können Sie nicht durch den Verkaufsprozess führen. Er wird immer wieder versuchen, selbst die Führung zu übernehmen, und Sie in Ihrem Konzept unterbrechen. Er hat sich vorher überlegt, was ihm wichtig ist. Das will er wissen, alles andere im Zweifel nicht.

Gehen Sie darauf ein und ärgern Sie sich nicht, wenn das Gespräch anders abläuft, als Sie es ursprünglich geplant haben.

- *Kurze und prägnante Darstellung:* Präsentieren Sie nur das, was den roten Kunden wirklich interessiert. Lassen Sie alle anderen Aspekte weg, selbst wenn Sie diese noch wichtig finden. Verwenden Sie kurze und inhaltsreiche Sätze. Je knapper und präziser Sie ihm Ihr Produkt oder Ihre Leistung vorstellen, desto angenehmer ist es ihm.
- *Keinen Einfluss nehmen:* Der rote Kunde möchte seine eigenen Entscheidungen treffen und lässt sich von niemandem gerne reinreden. Geben Sie ihm also keine Empfehlungen oder Ratschläge, schon gar nicht nach dem Motto: „Wenn Sie meine persönliche Meinung wissen möchten, dann ..." Die will er nicht wissen. Er ist ein unabhängiger Geist und fällt seine Entscheidungen auf Grund der Fakten und aus dem Bauch heraus, aber nicht, weil Sie es ihm raten. Damit wecken Sie eher seinen Widerspruch.

Vorbereitung

Gehen Sie nie unvorbereitet in ein Gespräch mit dem roten Kunden. Wenn er merkt, dass Sie ihm einen Standardvortrag halten, sinkt sein Interesse. Er hält sich für etwas Besonderes, und dieses Gefühl sollten Sie ihm geben. Sie sollten keine allgemeinen Behauptungen aufstellen oder Dinge behaupten, die Sie nicht genau wissen. Merkt er das, so nimmt er Sie nicht mehr ernst, und Ihre Glaubwürdigkeit ist verspielt.

Auch Ihre innere Vorbereitung ist wichtig. Der rote Kunde wird Sie auf eine harte Probe stellen, vor allem wenn Sie ein grüner Verkäufer sind. Wenn Sie unsicher werden, die Nerven verlieren, sich verletzt oder persönlich betroffen zeigen, dann sind Sie nicht der geeignete Geschäftspartner für einen roten Kunden. Entspricht die erforderliche Coolness nicht Ihrem Naturell, so lernen Sie, ein Pokerface aufzusetzen.

Checkliste: Vorbereitung auf Gespräche mit roten Kunden

- Erstellen Sie eine Liste mit den Aspekten Ihres Produkts oder Ihrer Leistung, die besonders zu den Kaufmotiven des roten Kunden passen. Anhand der Aufstellung können Sie kurz und klar präsentieren, zudem finden Sie immer wieder zu Ihrem roten Faden zurück, wenn der Kunde Sie unterbrochen hat. Strukturieren Sie die Fakten in logischer Reihenfolge.
- Machen Sie sich den Wert Ihres Unternehmens und Ihres Produkts deutlich. Besinnen Sie sich auf Ihre eigenen Stärken. Denken Sie an erfolgreiche Gespräche in der Vergangenheit, um sich positiv einzustimmen.
- Nehmen Sie eine Uhr mit in das Gespräch und orientieren Sie sich an eventuellen Zeitvorgaben Ihres Kunden.
- Erkundigen Sie sich möglichst schon im Vorfeld über Rang und mögliche Titel Ihres Kunden. Sprechen Sie ihn dann konsequent damit an.
- Gehen Sie in angemessener formeller Kleidung in das Gespräch. Lässige Kleidung kommt bei ihm nicht an.
- Führen Sie das Gespräch in einer geschäftsmäßigen Umgebung – lieber in einem Konferenzzimmer als in Ihrem unaufgeräumten Büro.
- Bereiten Sie kurze stichwortartige Fact-sheets vor, in denen die wichtigsten Fakten zusammengefasst sind. An Ihren ausführlichen Hochglanzbroschüren hat er im Zweifel kein Interesse.

Die Begrüßung

Halten Sie sich nicht mit Smalltalk auf: Ein kurzer, fester Handschlag, selbstbewusster, distanzierter Augenkontakt, eventuell Getränke anbieten und schon sind Sie beim Geschäftlichen. Wenn der Rote höflich ist und ein bisschen plaudert, sollten Sie natürlich darauf eingehen. Meistens wirkt er aber eher skeptisch, wenn nicht feindselig, um Ihnen nicht das Gefühl zu geben, Sie hätten leichtes Spiel mit ihm.

Stellen Sie Ihr Licht nicht unter den Scheffel. Der rote Kunde will wissen, dass Sie nicht erst in Ausbildung sind, sondern ein wirklich kompetenter Gesprächspartner. Lassen Sie ihn das deutlich wissen: „Ich bin Dr. Hans Murrmann und leite seit sieben Jahren das Firmenkundengeschäft bei XYZ. Ich bin Betriebswirt und seit 15 Jahren spezialisiert auf den Bereich Nutzfahrzeuge."

Sprechen Sie wirklich mit dem Entscheider?

Beim roten Kunden mögen Sie auf Grund seines Auftretens nicht daran zweifeln, dass er es ist, der die Kaufentscheidung trifft. Das muss aber tatsächlich nicht so sein. Lassen Sie sich nicht täuschen, überprüfen Sie immer, besonders wenn Sie es mit professionellen Einkäufern in Unternehmen zu tun haben, wie das Machtgefüge tatsächlich beschaffen ist: Wer entscheidet über den Kauf? Wer nutzt Ihr Produkt?

- *Der Initiator:* Er hat die Idee und befürwortet den Kauf. Vielleicht profitiert er auch von der Einführung Ihres Produkts. Aber unter Umständen trifft er nicht die Entscheidung.

- *Der Wächter:* Versucht jeden Verkauf und jede Veränderung kritisch zu hinterfragen, prüft Machbarkeit, ist starker Analytiker, oft zahlengesteuerter Controller, mit zunehmendem Alter auch „Bewahrer" und „Hüter" des Vorhandenen.

- *Der Käufer:* Mit ihm führen Sie die Verhandlungen. Sie erfragen den Bedarf und präsentieren ihm das Produkt. Aber eventuell trifft auch er nicht die Entscheidung, sondern gibt Ihre Informationen an den eigentlichen Entscheider weiter.
- *Der Entscheider:* Er trifft tatsächlich die Kaufentscheidung. Es kann sein, dass er mit Ihnen nicht direkt in Kontakt tritt. Dennoch müssen Sie mit Ihren Fragen in Erfahrung bringen, was seine Entscheidung beeinflussen könnte.
- *Der Einflussnehmer:* Auch er tritt nicht in Erscheinung, kann die Entscheidung über den Kauf aber stark beeinflussen. Sie müssen herauskriegen, wer die Kaufentscheidung beeinflusst und welche Motive diese Person hat.
- *Der Anwender:* Er ist derjenige, der mit Ihrem Produkt arbeitet. Seinen Anforderungen muss es letztlich gerecht werden. Signalisiert er, dass Ihr Produkt nicht hilfreich ist, kommen Sie nie wieder zum Zug. Auch seine Bedürfnisse müssen Sie also erkunden, auch wenn Sie ihn nie persönlich zu Gesicht bekommen.

Übung: Analyse Entscheidungsträger

Analyse Entscheidungsträger	**Machtgrundlagen**					**Persönliche Motive**
	Neigt zu belohnen	**Neigt zu bestrafen**	**Sympathie im Haus**	**Experte**	**Status**	
Initiator						
Wächter						
Entscheider						
Käufer						
Einflussnehmer						
Anwender						

„Neigt zu belohnen" heißt, dass er intern eher zur zwischenmenschlichen Anerkennung neigt, also grundsätzlich wohlwollend ist. Deswegen hat er meist die Sympathie in seinem Hause, was für das Funktionieren der Zusammenarbeit sehr wichtig ist.

Der Gesprächspartner, der „eher zur Bestrafung" neigt, ist ein Mensch, der viel kritisiert (oft überdimensioniert) und vor dem man sich besser in Acht nimmt. Entscheidungen, die er trifft, bewirken immer zwei Reaktionen: entweder unterwürfiger Gehorsam oder der Versuch, ihn auflaufen zu lassen.

Dem Wächter sollten Sie im Kontakt besondere Sorgfalt widmen.

Handelt es sich um umfangreichere Geschäfte, so sprechen Sie möglicherweise mit mehreren Gesprächspartnern. Um herauszufinden, mit wem Sie es jeweils zu tun haben und wie groß dessen Einfluss in seiner Firma ist, können Sie nach jedem Gespräch den abgebildeten Bogen ausfüllen. So gewinnen Sie ein Bild von der Aufstellung der „Gegenseite". Insbesondere, wenn auch in Ihrem Haus mehrere Gesprächspartner involviert sind, hilft das, einen gemeinsamen Überblick zu bewahren und nicht immer wieder von neuem den geeigneten Gesprächspartner beim Kunden eruieren zu müssen.

Bedarfsanalyse und Präsentation

Der rote Kunde wird Ihnen von sich aus sagen, was er möchte. Machen Sie sich Notizen, fragen Sie nur nach, wenn Sie etwas nicht verstanden haben. Ihren kompletten Fragenkatalog zur Bedarfsanalyse brauchen Sie mit dem roten Kunden nicht durchzugehen. Abschließend können Sie kurz zusammenfassen: „Ich habe Sie richtig verstanden, auf diese Aspekte kommt es Ihnen an ..." Dann merkt Ihr Kunde, dass Sie aufmerksam zugehört und das Wesentliche begriffen haben.

Auf die genannten Aspekte stellen Sie dann Ihre Präsentation ab. Reden Sie so viel wie nötig und so wenig wie möglich. Bemühen Sie sich um kurze, klare, aussagekräftige Sätze. Jeder Satz muss einen neuen Inhalt vermitteln. Sie brauchen sich nicht zu wiederholen oder ausführliche Beispiele zu zitieren. Referenzen interessieren ihn nur, wenn der Kunde sehr prominent ist oder bereits Erfahrungen mit einer Produktneuheit gewonnen hat. Wenn der rote Kunde etwas nicht versteht, wird er es Ihnen sagen.

Lassen Sie sich durch seine Unterbrechungen nicht aus dem Konzept bringen. Der Rote muss immer wieder seine Meinung sagen und sich äußern. Längere Zeit zuzuhören, fällt ihm schwer. Bleiben Sie geduldig und geben Sie ihm die Gelegenheit, sich ausführlich zu äußern. Gehen Sie kurz darauf ein und fahren Sie dann in Ihrem Konzept fort.

Praxis-Tipp:

Was den roten Kunden interessiert

- Die entscheidenden Fakten: Was ist das Wesentliche, um das Produkt zu verstehen?
- Alternativen und Optionen: Was sind Vor- und Nachteile der verschiedenen Möglichkeiten?
- Mögliche Konsequenzen seiner Entscheidung: Mit was muss er in Zukunft rechnen?

Geht es darum, eine komplexere Lösung zu entwickeln, dann lassen Sie ihn aktiv mitarbeiten.

Zum einen hält er das reine Zuhören sowieso nicht lange aus. Wenn Sie ihn einbeziehen, vermeiden Sie, dass er Sie von sich aus unterbricht.

Zum anderen wird die Lösung dadurch zu seinem „Baby". Je mehr er mitwirkt, über Details entscheidet und an seiner ganz speziellen Lösung mitarbeitet, desto weniger Probleme haben Sie anschließend im Preisgespräch. Dann wird er die einzelnen Komponenten nicht mehr in Frage stellen, die er ja selbst ausgesucht hat. Dann geht es nur noch um den Gesamtpreis.

Diese Mitwirkung darf aber von Ihnen nicht nur rhetorisch eingefordert werden, ohne dass Sie sie tatsächlich wollen. Das würde er merken. Auch Suggestivfragen sind beim roten Kunden fehl am Platz. Dann fühlt er sich manipuliert, und darauf reagiert er empfindlich. Stellen Sie ihm offene Fragen, mit denen Sie ihm signalisieren, dass Sie ihn ernst nehmen.

Was motiviert den roten Kunden zum Kauf?

- Die neuesten und innovativen Produkte: Er möchte immer der Erste sein, der über technische Neuerungen verfügt (und damit angeben kann). Bieten Sie ihm den neuesten Stand der Technik an.
- Alles, was seine Macht, seinen Einfluss, sein Auftreten nach außen, sein Prestige und sein Image stärkt und ihn von anderen abhebt.
- Produkte und Leistungen, die seine Autonomie und Handlungsfreiheit erhöhen.
- Alles, was ihm Gewinn verschafft, sich in der Zukunft auszahlt.
- Der praktische Nutzen, die Anwendbarkeit von Produkten.
- Systeme und Lösungen, mit denen er Zeit, Ressourcen oder Geld sparen kann.
- Optionen, zwischen denen er sich entscheiden kann.

Praxis-Tipp:

Komplimente fördern das Geschäft

Einem Roten dürfen Sie ruhig ein bisschen schmeicheln. Er ist durchaus empfänglich für Anerkennung und kleine Lobhudeleien. Er hält viel von sich und sieht das auch gerne bestätigt.

Natürlich dürfen Sie nicht übertreiben. Ihr Lob darf nicht aufgesetzt oder künstlich wirken. Wenn Sie es nicht so meinen, dann sagen Sie es auch nicht. Aber wenn es sich glaubwürdig ergibt, dann geben Sie ihm Anerkennung. Etwa für einen Verbesserungsvorschlag: „Das ist eine sehr gute Idee. Ich werde sie an unsere Techniker weitergeben, die wissen kompetente Ratschläge von Insidern zu schätzen."

Einwände

Genießen Sie seinen Respekt, ist Ihre Präsentation überzeugend und haben Sie seine Vorschläge und Ideen aufgenommen, dann wird der rote Kunde keine großen Einwände machen. Macht er dennoch welche, so sind sie ein sicheres Zeichen dafür, dass er am Abschluss interessiert ist. Wäre er vom Produkt oder von Ihnen nicht überzeugt, würde er das Gespräch einfach abbrechen.

Sie müssen beim roten Kunden mit zwei Arten von Einwänden rechnen:

- „Kleinere" Einwände, die Sie verunsichern und in Scheingefechte verwickeln sollen. Es geht ihm darum, Vorteile für das Preisgespräch zu erlangen. Ihr Produkt findet er aber in Ordnung. Bleiben Sie gelassen, gehen Sie sachlich darauf ein und nehmen Sie die Einwände als Hinweis darauf, dass es Zeit ist, über den Preis zu reden.

- „Größere" Einwände, die mit dem Produkt zu tun haben, von dem er noch nicht überzeugt ist. Die müssen Sie unbedingt ausräumen, sonst kauft er nicht.

Testen Sie die Abschlusswilligkeit Ihres roten Kunden

Beim roten Kunden besteht eher das Risiko, dass er schneller zum Abschluss bereit ist als der Verkäufer. Er wird dann direkt die Sprache auf den Preis bringen. Das kann auch Taktik sein, um Sie aus dem Konzept zu bringen. Konnten Sie den Nutzen Ihres Produkts darstellen, dann kann es genauso gut sein, dass er bereits eine Entscheidung zugunsten Ihres Produkts gefällt hat.

Gibt er seine Abschlusswilligkeit nicht von sich aus zu erkennen, so können Sie nachfragen:

- „Bis wann brauchen Sie das Produkt denn?"
- „Es gibt diese Version in Blau und die andere in Grün. Welche bevorzugen Sie?"
- „Zu welcher Lösung tendieren Sie?"

Der rote Kunde unter Stress – damit müssen Sie rechnen

Der rote Kunde wird leicht ärgerlich. Auslöser dafür können sein:

- Er hat den Eindruck, dass Sie seine Zeit verschwenden.
- Es läuft nicht so, wie er sich das vorgestellt hat.
- Er macht Fehler, irrt sich, hat einen Misserfolg und will es nicht zugeben.
- Andere machen Fehler, die Konsequenzen für ihn haben.
- Er bekommt nicht die Informationen, die er benötigt.
- Sein Gesprächspartner versteht nichts vom Thema.

Warum er in einer Situation unter Stress gerät, können Sie nicht wissen – merken werden Sie es aber auf jeden Fall. Mit folgenden Verhaltensweisen müssen Sie beim roten Kunden rechnen:

- Er versucht, Sie in Verlegenheit oder aus der Fassung zu bringen, etwa indem er sagt: „Sie reden unverständliches Zeug." „Sie erwarten doch nicht, dass ich Ihnen das glaube, oder?"
- Er streitet kategorisch ab, was Sie sagen: „Das ist doch absolut lächerlich." „Erzählen Sie mir nicht solchen Unsinn."
- Er wirft ständig ätzende Behauptungen ein: „Das wird so nie funktionieren." „Das wäre doch zu schön, um wahr zu sein."
- Er ist bewusst unhöflich zu Ihnen, gähnt unverhohlen oder zeigt deutlich seine Ungeduld. Er unterbricht Sie mitten im Satz.
- Er wird sarkastisch und macht persönliche, verletzende Bemerkungen: „Sie halten sich wohl für einen Experten, was?" Er versucht, Sie herabzusetzen.
- Er wird streitlustig und aggressiv und versucht, bei Ihnen offenen Widerstand zu erwecken. Lassen Sie sich auf einen Schlagabtausch ein, werden Sie den wahrscheinlich verlieren.
- Er rühmt sich selbst, profiliert sich mit den tollsten Geschichten und weidet sich daran, dass Sie ihn höflich bewundern müssen.
- Er stellt sich als den eigentlichen Experten dar und wertet Ihre Kompetenz als Verkäufer ab: „Also, das könnte ich noch so nebenbei verkaufen."
- Er macht Ihnen Druck: mit der Zeit, mit dem Auftrag, mit der Geschäftsbeziehung insgesamt. Sie sollen Angst haben, ihn als Kunden zu verlieren.

Wie reagieren Sie, wenn der rote Kunde aggressiv wird?

Das Wichtigste ist: Regen Sie sich nicht auf. Seien Sie nicht beleidigt. Tun Sie ihm nicht den Gefallen, den Fehdehandschuh aufzunehmen. In einer offenen Auseinandersetzung verlieren Sie nicht nur den Streit, sondern auch den Kunden.

Auch wenn es schwer fällt und Sie sich innerlich über Ihren Kunden ärgern: Versuchen Sie ruhig zu bleiben und nach außen hin souverän zu wirken.

Das bedeutet aber nicht, dass Sie sich alles gefallen lassen sollten. Werden Sie unterwürfig und versuchen so, den Attacken zu entkommen, dann verliert der Kunde den Respekt vor Ihnen und wird sich einen anderen Verkäufer suchen. Bewahren Sie das Gesicht:

- Weisen Sie Beleidigungen sachlich, aber entschieden von sich: „Ich möchte Sie bitten, von solchen Bemerkungen Abstand zu nehmen. Lassen Sie uns doch konstruktiv zusammenarbeiten."
- Fragen Sie nach Begründungen für seine Einwände, ohne dass Sie sich aber in Detaildiskussionen verzetteln: „Warum denken Sie, wird das nicht funktionieren?"
- Versuchen Sie das Gespräch immer wieder auf die sachliche Ebene zurückzuholen. Zeigen Sie ihm, dass ein sachlicher, konstruktiver Dialog in Ihrer beider Interesse liegt: „Lassen Sie uns bei der Sache bleiben. Wir wollen eine für beide Seiten gute Lösung finden."

Übung: Stress mit roten Kunden

Wenn andere unter Stress geraten, löst das meistens bei uns ebenfalls Stress aus. Je besser Sie sich mental auf eine solche Situation vorbereiten, desto leichter bekommen Sie diese in der Praxis in den Griff.

- Erinnern Sie sich an ein Gespräch mit einem roten Kunden, der unter Stress geriet: Wie hat sich sein Stress geäußert? Wie hat er sich Ihnen gegenüber verhalten?

  ....

- Wie haben Sie reagiert? Sind Sie ebenfalls unter Stress geraten? Wie hat sich das gezeigt?

  ....

- Was wäre Ihrer Ansicht nach die konstruktivste Art, mit dem Stress des roten Kunden umzugehen?

  ....

- Was hindert Sie, sich so zu verhalten? Was können Sie tun, damit Sie sich so verhalten?

  ....

- Wer oder was kann Sie unterstützen, damit Sie in Zukunft anders reagieren können?

  ....

2. Strategien für das Preisgespräch

Dem roten Verkäufer geht es um das Gewinnen. Aus diesem Grund akzeptiert er niemals den ersten Preis, den Sie ihm nennen. Selbst wenn er innerlich längst beschlossen hat zu kaufen, wird er nach außen hin so tun, als hinge seine Entscheidung vollkommen vom Preis ab. Ein roter Kunde drückt den Preis, weil

- es zu seinem Selbstbild gehört, anderen seine Bedingungen zu diktieren und nichts unwidersprochen hinzunehmen,
- es für ihn ein erhebendes Gefühl ist, es dem Verkäufer „gezeigt" zu haben,
- er prinzipiell versucht, mit so wenig Einsatz wie möglich so viel wie möglich herauszuholen, und
- es seinem Geltungsbedürfnis entspricht, hinterher anderen in der Firma oder privat erzählen zu können, wie er den Verkäufer heruntergehandelt hat. Wahrscheinlich erhofft er sich auch Vorteile für seine Karriere, wenn er viele gute Abschlüsse macht.

Empfehlungen für gute Preisverhandlungen mit roten Kunden

- Die Verhandlung vorher durchspielen, damit Sie keine Überraschungen erleben.
- Keine Tricks versuchen.
- Nicht viele, sondern starke Argumente.
- Zugeständnisse machen, die dem roten Kunden das Gefühl geben, ein Gewinner zu sein.
- Vorschläge nicht mit Gegenvorschlägen beantworten, sondern darauf eingehen.
- Verhandlungspause bei allzu großem Druck vereinbaren.
- Nach Verhandlung sofort die ersten Schritte zur Realisierung der Ergebnisse einleiten.

Struktur einer Preisverhandlung

Eine Preisverhandlung mit einem roten Kunden verläuft wesentlich kürzer als etwa mit einem blauen. Rechnen Sie damit, dass sie nur aus folgenden Phasen besteht:

1. Kunde zeigt Abschlusswilligkeit. Er fragt nach dem Preis.
2. Sie nennen den Preis ohne Zögern mit fester Stimme: „Sie bekommen das Stück für 4,90 EUR." Verwenden Sie nicht die Formulierung: „Das kostet 4,90 EUR pro Stück." Oder gar: „Sie müssen mit 4,90 EUR das Stück rechnen." Das sind viel zu harte Formulierungen.
3. Direkt daran schließen Sie die Frage an: „Bis wann brauchen Sie das Produkt?" „Wann dürfen wir es Ihnen liefern?" Bieten Sie von sich aus keinen Nachlass und keinen Rabatt an, wenn der Kunde nicht danach fragt.
4. Bei einem Preiseinwand sichern Sie die Kaufentscheidung ab, damit nicht noch einmal über das ganze Produkt gesprochen werden muss: „Wenn wir uns preislich einigen, dann können Sie sich noch heute positiv entscheiden?"
5. Weisen Sie überzogene Nachlassforderungen entschieden zurück. Unterbreiten Sie ein etwas niedrigeres Angebot und fordern Sie eine Gegenleistung vom Kunden: „Das wäre eine Möglichkeit – wenn Sie die Menge verdoppeln."
6. Wenn der Kunde nicht darauf eingeht: „Wo sehen Sie denn eine andere Möglichkeit, mir entgegenzukommen, wenn ich Ihnen diesen Nachlass gebe?" (Lassen Sie den Kunden einen Vorschlag machen.)
7. Sie wiederholen die Stufen 5 und 6, bis Sie Ihre Preisgrenze erreicht haben. Stecken Sie deutlich Ihre Grenzen ab und bleiben Sie konsequent bei ihnen.
8. Abschluss oder Gesprächsabbruch.

Praxis-Tipp:

Lassen Sie den Kunden Vorschläge machen

Der rote Kunde will entscheiden, also lassen Sie ihn auch im Preisgespräch aktiv werden. Machen Sie ihm deutlich, dass Sie ihm nur auf seine Gegenleistung hin Nachlass gewähren werden. Aber lassen Sie ihn Vorschläge machen, wie diese Gegenleistung aussehen wird. Nehmen Sie schließlich ein Angebot, das der rote Kunde macht, an – nicht umgekehrt. So lassen sie ihm das letzte Wort und das gute Gefühl dabei.

Am wichtigsten für Sie: konsequent bleiben

Der rote Kunde wird Sie im Preisgespräch testen: Fallen Sie um, wenn er Ihnen unmögliche Vorschläge macht? Oder bleiben Sie standhaft? Er will Ihre Grenzen austesten. Wenn Sie ihm die nicht klar aufzeigen, dann wird er immer wieder versuchen, Ihren Preis nach unten zu drücken. Deshalb sind drei Dinge im Preisgespräch mit dem Kunden essenziell:

- *Geben Sie ohne Gegenleistung keinen Nachlass:* Nur wenn sich ein roter Kunde darüber im Klaren ist, dass jeder Nachlass, den er von Ihnen fordert, bedeutet, dass auch er ein Zugeständnis machen muss, wird er aufhören, weitere Nachlässe zu fordern.
- *Bleiben Sie konsequent:* Wenn Sie Ihr letztes Wort gesprochen haben, dann lassen Sie sich nicht davon abbringen. Lassen Sie sich verunsichern, aus Angst, das Geschäft zu verlieren, dann verliert der rote Kunde den Respekt vor Ihnen. Er wird nachträglich Rabatt verlangen, weil er Reklamationen hat, oder beim nächsten Mal noch offensiver verhandeln. Sie müssen ihm klar die Grenzen zeigen und konsequent dabei bleiben.

- *Bewahren Sie das Gesicht:* Lassen Sie sich nicht aus der Ruhe bringen. Tun Sie nichts, um sich anzubiedern oder einzuschmeicheln. Auch das ist wichtig, damit der rote Kunde Respekt vor Ihnen hat, denn den brauchen Sie für alle folgenden Geschäfte, sonst zahlen Sie entweder drauf oder werden sich nicht einigen können.

Praxis-Tipp:

„Zu teuer!" – Das sollten Sie nicht tun!

- Dem Kunden widersprechen und rundheraus abstreiten, dass Ihr Produkt zu teuer ist: „Das ist ja nun wirklich nicht teuer!"
- Mit Ironie oder Polemik reagieren: „Teuer ist immer eine Frage des Einkommens."
- Den Einwand bagatellisieren: „Na, also sooo teuer ist es ja nun auch nicht. Jetzt übertreiben Sie mal nicht."
- Mit Beleidigungen reagieren: „Wenn Sie sich das nicht leisten können ..."
- Den Einwand nicht ernst nehmen: „Alles ist relativ im Leben."
- Den Einwand überhören: „Wie ich Ihnen schon sagte, steht unser Angebot in dieser Form für die kommenden vier Wochen."

Zeitdruck mit Zeitdruck beantworten

Der rote Kunde hat nie Zeit. Er hat meist einen vollen Terminkalender. Einerseits, weil er wirklich viel arbeitet, andererseits, weil das zu seinem Image gehört. Keine Zeit verschwenden, effektiv vorgehen, schnelle Entscheidungen treffen, sind sein Markenzeichen. Das können Sie sich zunutze machen.

Drehen Sie doch den Spieß um: „Dieser Sonderpreis gilt nur für zehn Tage. Da müssen Sie sich schnell entscheiden." Eine schnelle Entscheidung? Kein Problem. Wenn damit ein Nachlass herauszuholen ist, entschließt sich der rote Kunde gerne.

Aber Vorsicht: Der rote Kunde entscheidet sich sowieso relativ schnell. Räumen Sie nicht unnötig Sonderkonditionen ein. Dieses Mittel sollten Sie nur dann einsetzen, wenn Sie merken, dass der rote Kunde noch etwas Vorbehalte hat. Dann können Sie damit seinen Jagdinstinkt wecken.

Aber Sie sollten es nicht übertreiben. Wenn Sie das Mittel zweimal hintereinander eingesetzt haben, dann erwartet der Rote beim dritten Mal selbstverständlich, dass Sie ihm für seine schnelle Entscheidung einen Nachlass einräumen. Dann dreht er den Spieß wieder um ...

Gut geeignet für rote Kunden: Staffelpreise

Ein roter Kunde entscheidet gerne. Das setzt voraus, dass es verschiedene Wahlmöglichkeiten gibt, zwischen denen er eine Entscheidung fällen kann. Stellen Sie ihm nur ein Produkt zur Auswahl, so riskieren Sie, dass er es zerpflückt und Ihren Preis zerstückelt. Das können Sie vermeiden, indem Sie ihm eine Palette verschiedener Angebote machen, zwischen denen er die Auswahl hat. Jedoch nicht mehr als drei! Wenn die Auswahl zu kompliziert und verwirrend wird, dann verliert der rote Kunde die Geduld.

Prüfen Sie also, wie Sie Ihr Produkt oder Ihre Leistung in verschiedenen Varianten anbieten können. Variieren Sie beispielsweise

- das Material (Glas oder Kunststoff),
- die Ausstattung (mehr oder weniger Details),
- die Garantiedauer (die gesetzlich vorgeschriebenen zwei Jahre oder freiwillig drei Jahre, was teurer ist),
- Farben (normal oder ausgefallen).

Ihre verschiedenen Angebote sollten sich natürlich an den Wünschen orientieren, die der Kunde während der Bedarfsklärung geäußert hat. Während der Präsentation haben Sie aber vielleicht das eine oder andere zusätzliche Detail ins Spiel gebracht, mit dem Sie hier den Preis variieren können. Der rote Kunde kann entscheiden, dass er dieses Detail nicht will, und damit den Preis „reduzieren".

Unter Umständen verkaufen Sie aber mehr, als Sie glaubten, weil der rote Kunde die hochwertigere Variante vorzieht, auch wenn sie mehr kostet. Meist entscheiden sich Kunden aber für eine mittlere Lösung – dies sollte also Ihr „realistischstes" Angebot sein:

Angebot A	Angebot B	Angebot C
Geringere Qualität, Ausstattung, Umfang etc. = geringerer Preis	An den Kundenwünschen orientiertes Angebot = mittlerer Preis	Gehobeneres Angebot, geht über die Kundenwünsche hinaus = höherer Preis

Der rote Kunde wird keines der Angebote einfach hinnehmen. Er wird etwas aus jedem Angebot auswählen und so sein individuelles Angebot erstellen.

Erst wenn es deutlich seine Handschrift trägt, wird er es akzeptieren. Aber indem Sie ihm drei Angebote vorlegen, können Sie die Inhalte bestimmen – und vielleicht sogar so manches Extra mit verkaufen.

Praxis-Tipp:

Seien Sie bei Rabatten vorsichtig

Wer einmal Rabatte bekommt, will sie immer haben. Seien sie deshalb zurückhaltend, was die Einräumung von Rabatten betrifft. Geben Sie besser Nachlässe, für die Sie eine Gegenleistung verlangen können.

Folgende Rabatte sind für Verhandlungen mit einem roten Kunden gut geeignet.

- *Erstausrüsterrabatt:* Der Kunde baut als Erster Ihre Produkte in ein Endprodukt ein (etwa Reifen in ein Auto). Dafür gewähren Sie ihm einen Rabatt. Ihr Vorteil ist: Sie haben anschließend beim Ersatzbedarf die Nase vorn. Der Endverbraucher kauft meist das Originalteil nach. Mit diesem Geschäft holen Sie den Rabatt wieder rein. Der rote Kunde ist gerne der Primus. Er scheut sich nicht vor neuen Produkten. Wenn er dafür einen Rabatt bekommt, umso lieber.
- *Einführungsrabatt:* Wer neu auf dem Markt ist, muss auf sich aufmerksam machen. Eine Möglichkeit dazu sind Rabatte. Der Einführungsrabatt entspricht also einer Werbemaßnahme. Wenn der Kunde Ihr neues Produkt in den Handel nimmt, so geben Sie ihm Rabatt. Das macht der rote Kunde gerne, sofern er von Ihrem Produkt überzeugt ist. Das Risiko nimmt er in Kauf, wenn er dafür ein schönes Geschäft macht.
- *Testrabatt:* Das Gleiche gilt für den roten Endverbraucher. Wenn er einen ordentlichen Rabatt bekommt, ist er bereit, ein neues Produkt zu testen.

3. Fehler, die Sie vermeiden können

Der rote Kunde legt es darauf an, Sie zu provozieren, aus dem Konzept zu bringen und den Schneid abzukaufen. Typische Fehler, die im Preisgespräch mit roten Kunden vorkommen, stellen wir Ihnen im Folgenden dar.

Sie schieben immer neue Argumente nach

Der rote Kunde schaut kritisch und Sie denken, Sie hätten ihn noch nicht überzeugt. Deshalb schieben Sie immer neue Argumente nach, in der Hoffnung, dass das richtige, das bei ihm endlich ein zustimmendes Lächeln auslöst, dabei ist. Vielleicht war es schon längst dabei. Dem roten Kunden merken Sie das nicht an. Er signalisiert Ihnen prinzipiell keine Zustimmung.

Kommen Sie mit immer neuen Argumenten, wird das einen roten Kunden skeptisch machen. Er denkt sich: „Warum will er mich so krampfhaft überreden, da stimmt doch was nicht?" „Hat er länger nicht verkauft und jetzt Torschlusspanik?" „Muss er den Ladenhüter endlich loswerden? Nicht an mich!"

Beschränken Sie sich auf die wenigen wichtigen Aspekte, die Sie in der Bedarfsklärung herausgearbeitet haben. Die Nutzendarstellung darf sich auf das Wesentliche beschränken. Der rote Kunde wird nachfragen, wenn er etwas nicht verstanden hat.

Sie rechtfertigen den Preis

Lassen Sie sich nicht in die Defensive drängen, indem Sie anfangen, sich für den Preis zu rechtfertigen. Sie haben vernünftig kalkuliert und müssen sich nicht dafür verteidigen. Wenn der rote Kunde Ihre Verunsicherung spürt, wird er nur immer stärker in das gleiche Horn blasen.

Praxis-Tipp:

Preise senken heißt: mehr verdienen müssen!

Rechnen Sie nach, ehe Sie Preise senken oder Rabatte gewähren. Sie müssen mehr verkaufen, wenn Sie keinen Verlust machen wollen! Beispiel: Ihr gegenwärtiger Bruttogewinn beträgt 25%. Sie reduzieren Ihre Preise um 10%. Um das Gleiche zu verdienen wie vor der Preissenkung, müssen Sie Ihren Umsatz um 66,7% steigern.

Sie lassen sich einschüchtern

Es kann Ihnen passieren, dass der rote Kunde Sie mitten in Ihrer Präsentation unterbricht und umgehend nach dem Preis fragt: „Lassen wir doch das Gerede! Was kostet der Spaß?"

Ziel dieser Unterbrechung ist: Er will Sie einschüchtern. Er weiß, dass Sie jetzt auf diese Frage noch nicht vorbereitet sind, dass Sie Ihre Argumente noch nicht ausgebreitet haben und Ihren Preis noch nicht „erklären" konnten.

Viele Verkäufer reagieren dann angepasst mit einem verschüchterten: „Also, das kostet pro Stück 60 EUR, Herr Kunde."

Die ideale Einleitung für die Preisattacke des roten Kunden: „60 EUR? Das kommt überhaupt nicht in Frage."

Jetzt geht es nur noch um den Preis. Und Sie sind in der Defensive. Statt den Prozess zu steuern und von der Nutzenpräsentation elegant auf den Preis überzuleiten, müssen Sie jetzt umgekehrt vorgehen und Ihren Preis rechtfertigen.

Praxis-Tipp:

Belehren Sie einen roten Kunden nicht!

Unbedingt vermeiden sollten Sie es, Ihrem roten Kunden mit Belehrungen zu kommen: „Der Preis alleine wird Ihnen nicht viel sagen. Sie müssen ja erst einmal wissen, was er umfasst. Deshalb möchte ich Ihnen zunächst noch darstellen ..."

Natürlich haben Sie Recht. Aber ein roter Kunde lässt sich nicht schulmeistern. Mit einer solchen Antwort werden Sie bei ihm auf größten Widerstand treffen. Er wird sofort zum Gegenangriff blasen: „Ob Ihr Preis mir was sagt, entscheide ich. Nun mal raus mit der Sprache. Oder ist er so hoch, dass Sie ihn nicht nennen können?"

Vielleicht denken Sie auch: „Oh Gott, jetzt kommt das Preisgespräch. Jetzt wird es bestimmt ganz schwierig mit diesem roten Kunden!" Und genau das strahlen Sie dann aus. Sie verkrampfen, Ihr Körper zeigt Stresssymptome, Sie können nicht mehr klar denken.

Der rote Kunde hat ein feines Gespür für Machtverhältnisse und nimmt Ihre Angst schnell wahr. Er wird kein Mitleid haben, sondern Ihre Unsicherheit ausnutzen.

Natürlich kann man Angst nicht mit einer rationalen Entscheidung bewältigen. Nur wenn Sie Ihre grundsätzliche Einstellung zum Preisgespräch ändern, werden Sie Ihre Angst besiegen.

Denken Sie daran: Wer keine Preisgespräche führt, ist zu billig! Wenn der Kunde Ihren Preis fraglos akzeptiert, dann hätten Sie auch für mehr verkaufen und einen höheren Gewinn erzielen können. Und den brauchen Sie, um angstfrei an die Zukunft denken zu können. Freuen Sie sich über jedes Preisgespräch, das Sie führen. Freuen Sie sich auf ein Preisgespräch mit einem roten Kunden, denn das ist ein sicheres Zeichen, dass Sie kurz vor einem guten Abschluss stehen. Versuchen Sie, Preisgespräche mit einem roten Kunden unter einem sportlicheren Blickwinkel zu betrachten: als Kräftemessen. Wenn Sie ein Gleichgewicht der Kräfte gefunden haben, dann machen Sie beide ein gutes Geschäft.

Haben Sie Ihre Angst besser im Griff, dann können Sie strategisch vorgehen. Ziel von „zu teuer"-Einschüchterungsversuchen muss sein, den Fokus des Kunden vom Preis auf die Leistung zu verschieben. Lenken Sie den Kunden vom Preis ab, ohne dass ihm das bewusst ist. Das ist zweifellos schwierig. Aber es gibt verschiedene Möglichkeiten, wie Sie vorgehen können.

Verschieben Sie das Preisgespräch

Bei einem roten Kunden ist die folgende Variante eher heikel: „Auf den Preis komme ich gleich, Herr Kunde. Ich möchte Ihnen zunächst noch darstellen, warum der Einsatz dieser Maschine Ihnen viel Zeit spart."

Sie widersprechen Ihrem roten Kunden – das schätzt er nicht. Denn damit werten Sie ihn ab. Unter Umständen beginnen Sie einen heimlichen Wettkampf darum, wer hier das Sagen hat. Sie riskieren, dass der Kunde ärgerlich kontert: „Ich will jetzt erst einmal Ihren Preis wissen, ehe ich entscheide, ob wir weiter miteinander reden." Er könnte auch zu dem Schluss kommen, dass Sie nicht zu Ihrem Preis stehen und vermeiden wollen, offen darüber zu reden: „Ihren Preis nennen Sie wohl nicht so gerne!"

Diese Methode funktioniert also nur unter zwei Voraussetzungen:

- Sie agieren sehr selbstbewusst und zeigen sich unbeeindruckt vom Druck, den Ihr roter Kunde ausüben will. Dabei bleiben Sie aber so freundlich, dass der Rote Ihren Wunsch, in der Präsentation fortzufahren, nicht als Affront empfindet. Dann haben Sie eine Chance, dass er Ihr Vorgehen respektiert und Sie ausreden lässt. Wenn Sie sich anbiedern und darum bitten, doch in der Präsentation fortfahren zu dürfen, haben Sie verloren.

- Das, was Sie im Folgenden ausführen, ist für den Kunden wirklich interessant. Sie gehen auf Aspekte ein, die seinen Kaufmotiven entsprechen und bei denen er hellhörig wird. Dann haben Sie eine hervorragende Überleitung ins Preisgespräch. Denn mit diesem Nutzen können Sie den Preis begründen, und der steht nicht plötzlich völlig „nackt" im Raum. Gelingt Ihnen das nicht, riskieren Sie, dass er für Ihre Argumente nicht offen ist, weil er sich innerlich auf die Preisfrage und den Machtkampf versteift.

Überlassen Sie den Preis scheinbar Ihrem Kunden

Erfolgversprechender ist folgende Methode: Verblüffen Sie Ihren Kunden! Antworten Sie:

„Den Preis, Herr Kunde, bestimmen Sie . . ."

Hier machen Sie eine kurze Pause. Der rote Kunde ist überrascht. Dass er den Preis bestimmen soll, ist natürlich ganz in seinem Sinne. Aber dass Sie ihm die Preisfestsetzung völlig überlassen, glaubt er jetzt auch wieder nicht. Dann wären Sie ja schön blöd . . .

Er hört Ihnen plötzlich wieder aufmerksam und interessiert zu. Sie fahren fort:

„. . . denn er hängt ganz wesentlich davon ab, für welche Ausstattung Sie sich entscheiden." Jetzt haben Sie den Ball wieder im eigenen Feld. Denn jetzt geht es darum, die Ausstattung festzulegen, und Sie können, vielleicht an anderer Stelle als geplant, wieder mit Ihrer Präsentation weitermachen.

Oder Sie antworten:

„... denn er hängt ganz wesentlich davon ab, wie viel Stück Sie bestellen möchten und zu welchem Termin Sie die Lieferung benötigen."

Der Kunde weiß: Je mehr er bestellt, desto billiger. Aber auch: Je früher er es haben will, desto teurer. Sie haben Optionen in den Raum gestellt, und jetzt muss er sich entscheiden. Was er ja bekanntlich am liebsten tut. Sie sind wieder im Gespräch um Optionen und nicht alleine um den Preis.

Praxis-Tipp:

Seien Sie wachsam bei Mengenangaben

Der Kunde gibt unter Umständen mehr an, als er braucht. Er rechnet damit, dass er nachträglich die Menge nach unten korrigiert, aber der Preis bleibt.

Meist aber können Verkäufer den Jahresbedarf Ihrer Kunden anhand der Daten, die Sie über ihn wissen, ganz gut abschätzen. Lassen Sie sich also nicht täuschen, sondern nennen Sie den Stückpreis, der zu Ihrer eigenen Schätzung passt.

Mengenangaben können Sie fixieren, indem Sie sie umgehend aufschreiben:

„Wenn Sie 120 Stück abnehmen für dieses Jahr, dann beträgt der Preis 58 EUR." (Schreiben Sie das gleichzeitig auf!) Korrigiert der Kunde später die Menge, so können Sie den Stückpreis entsprechend anpassen.

Gehen Sie auf die Preisdifferenz ein

Sie nennen den eigentlichen Preis nebenbei oder gar nicht, sondern gehen stattdessen gleich auf die Differenz zwischen zwei unterschiedlichen Produkten ein, die beide für den Kunden in Frage kämen:

„Dieses Modell kostet 800 EUR mehr als das Standardprodukt. Dafür ist es mit der neuesten Technik ausgestattet, die derzeit auf dem Markt zu finden ist ..."

Die Vorteile an dieser Methode:

- Die Preisdifferenz ist die „kleinere" Summe. Es geht nicht um den vollen Preis, der natürlich bedeutend höher liegt. Auch wenn der Kunde das weiß, macht es psychologisch einen Unterschied.
- Sie bieten dem roten Kunden Alternativen, zwischen denen er sich entscheiden kann.
- Sie sind wieder bei den Inhalten. Um die Differenz zu verstehen, muss der Kunde Ihnen zuhören, was Sie über die Vorzüge und Werte des Produkts zu sagen haben. Er beschäftigt sich innerlich also wieder mit dem Nutzen und ist nicht mehr allein auf den Preis konzentriert. Wichtig ist auch hier natürlich, dass Sie dabei auf Aspekte eingehen, die für den roten Kunden auch wirklich interessant sind. Sonst wird er unwirsch abwinken: „Brauche ich nicht. Das Standardprodukt ist teuer genug."

Schlagfertig reagieren auf Nachlassforderungen oder „zu teuer"-Einwände

- „Wer keine Gewinne macht, hat bald nichts mehr zu verlieren." (VW-Reklame)
- „Was ein XY leistet, erkennen Sie am Preis!"
- „Sie wären nicht zu mir gekommen (Sie würden mich nicht empfangen), wenn Sie nicht von der Seriosität unserer Firma überzeugt wären."

Fortsetzung: Schlagfertig reagieren auf Nachlassforderungen

- „Wir wissen, dass andere billiger sind. Meist wissen solche Anbieter ja, was Ihre Produkte wert sind und was sie dafür verlangen können."
- „Auch dieser Mitbewerber würde seine Preise auf unser Niveau anheben, wenn er es könnte. Denn es wäre doch fehlende Geschäftstüchtigkeit, auf Gewinn bringende Preise freiwillig zu verzichten."
- „Teurer werden Gabelstapler erst nach dem Kauf!" (wegen anfallender Reparaturen, Ersatzteilen etc. bei mangelnder Qualität)
- „Alles wird teurer, wir bleiben es!"

4. Preisdrücker-Taktiken roter Kunden

Rote Kunden haben typische Taktiken, die sie im Preisgespräch verfolgen. Wenn Sie sich vorher mit ihnen auseinander setzen, werden Sie davon im realen Gespräch nicht mehr überrascht.

Absurde Forderungen

Der rote Kunde schockiert gerne, denn damit drängt er den anderen in die Defensive. Nicht ungewöhnlich sind deshalb Forderungen wie: „Sie müssen auf Preis X (der unlauter tief liegt) einsteigen." Oder: „Der Wettbewerb ist, egal was Sie bieten, fünf Prozent unter Ihrem Angebot." Das übt Druck aus, denn jetzt müssen Sie sich etwas einfallen lassen, wenn Sie den Auftrag wollen – denkt jedenfalls der rote Kunde.

Praxis-Tipp:

Ihre Reaktion auf absurde Forderungen

Der rote Kunde möchte, dass Sie jetzt empört sind oder blankes Entsetzen zeigen – tun Sie ihm den Gefallen nicht. Lehnen Sie die Forderung unbeeindruckt, souverän und gleich bleibend höflich ab: „Sie wissen selbst, Herr Müller, dass dieser Preis indiskutabel ist."

Zeigen Sie sich ruhig schlagfertig: „Der Wettbewerb liegt auch fünf Prozent unter unserem Serviceniveau – wenn nicht mehr."

Scheinkündigung laufender Geschäftsbeziehungen

„... dann müssen wir unsere Zusammenarbeit ernsthaft hinterfragen."

Ziel einer solchen Bemerkung ist natürlich: Sie sollen eingeschüchtert und ängstlich einwilligen, um ja die Geschäftsbeziehung nicht zu gefährden.

Praxis-Tipp:

Ihre Reaktion auf eine Scheinkündigung

Auch hier ist es wichtig, nicht ängstlich oder trotzig zu reagieren: „Schauen Sie erst mal, ob Sie jemanden wie uns wieder finden."

Bleiben Sie höflich und drücken Sie Ihr Bedauern aus – auch, dass Sie Ihren Wert kennen: „Das wäre wirklich höchst bedauerlich, Herr Kunde. Für uns, aber auch für Sie. Unsere Qualität und unser individueller Service sind den Preis absolut wert.

Lassen Sie uns eine Lösung finden, mit der wir beide leben können."

Sie signalisieren dem Kunden auch: Wenn es gar nicht anders geht, dann sind Sie eher bereit, ihn ziehen zu lassen, als ein Geschäft zu machen, das sich für Sie nicht lohnt. Das beeindruckt ihn, denn so würde er es auch machen.

Zeitdruck während der Verhandlung

Sie haben nur noch zehn Minuten Zeit, um den Preis zu verhandeln. Dann muss Ihr Kunde gehen, weil er noch einen anderen Termin hat. Wie sollen Sie da Ihre Position angemessen vertreten? Vor allem, wenn der Kunde auf stur stellt und auf Zeit spielt? Wollen Sie den Auftrag, müssen Sie jetzt zu einer Einigung kommen, so die Botschaft des Kunden.

Praxis-Tipp:

Ihre Reaktion auf Zeitdruck

Machen Sie Ihr letztes Angebot und lassen Sie es darauf ankommen. Ein roter Kunde will mit einem Ergebnis nach Hause gehen und wird aller Wahrscheinlichkeit nach nicht im letzten Moment die Verhandlung scheitern lassen. Scheitert sie doch, dann wären Sie sich auch nicht mit mehr Zeit einig geworden.

Hier zahlt sich aus, wenn Sie sich auf das Preisgespräch gut vorbereitet haben. Denn dann machen Sie nicht unter Druck ein Angebot, bei dem Sie draufzahlen, sondern bewahren die Übersicht über Ihr unterstes Limit.

Mängelrügen im Nachhinein

Bei einem roten Kunden müssen Sie damit rechnen, dass er, sollte er Mängel an Ihrem Produkt feststellen, im Nachhinein Nachlass verlangt. Er tut so, als sei es selbstverständlich, dass man für ein mangelhaftes Produkt preislich entschädigt wird.

Praxis-Tipp:

Ihre Reaktion auf Mängelrügen

Bleiben Sie auch hier konsequent. Natürlich müssen Sie Mängel beheben und den Kunden auch dafür entschädigen. Aber das können Sie auch durch kostenlose Reparatur und verlängerte Garantieleistungen. Wenn Sie einmal im Preis nachgeben, öffnen Sie Tür und Tor. Dann wird der rote Kunde immer neue Gründe finden, um nachträgliche Forderungen zu stellen.

Checkliste: Umgang mit Preisdrücker-Argumenten roter Kunden

- Zeigen Sie nicht die Reaktion, die der Kunde erwartet.
- Überhören Sie Drohungen.
- Drohen Sie Ihrerseits freundlich, aber bestimmt das Ende des Gesprächs an.
- Behalten Sie die Initiative. Lassen Sie sich nicht in die Defensive drängen.
- Verlangen Sie auf jeden Fall eine Gegenleistung. Gehen Sie nicht auf pure Preisdrückerei ein.

Locker und persönlich – Preisgespräche mit gelben Kunden

6

1. Was muss vor dem Preisgespräch gelaufen sein?

Vor allem die Gesprächsatmosphäre muss im Verkaufsgespräch mit einem gelben Kunden stimmen. Das bedeutet: Er darf sich nicht langweilen. Bieten Sie ihm gute Unterhaltung und unkomplizierte Beratung, das weiß er zu schätzen. Damit der gelbe Kunde sich wohl fühlt, ist vor allem wichtig:

- *Genügend Raum zur Selbstdarstellung:* Er liebt es, Publikum zu haben und das sind in dem Fall Sie. Verderben Sie ihm nicht den Auftritt, hören Sie zu und klatschen Sie Beifall, indem Sie über seine Witze und Geschichten lachen.
- *Keine langen Monologe:* Er kann nicht lange zuhören und muss immer wieder selbst reden. Er hat Assoziationen und spontane Einfälle und möchte diese zum Besten geben. Eine rigide Struktur des Gesprächs ermüdet ihn schnell.
- *Geschichten über andere Leute:* Am liebsten erzählt und hört der gelbe Kunde Klatsch und Tratsch über andere Leute. Stillen Sie sein Bedürfnis, indem Sie sich vorher ein paar Geschichten zurechtlegen.
- *Eine angenehme Umgebung:* Am liebsten arbeitet er in ungewöhnlichen Räumen oder während eines schönen Essens.

Vorbereitung

Auf ein Gespräch mit einem gelben Kunden müssen Sie sich inhaltlich weit weniger vorbereiten. Es gilt eher, sich einen geeigneten Vorrat an Geschichten anzueignen, mit denen Sie den gelben Kunden immer wieder aufmuntern und unterhalten können. Überlegen Sie, ob Sie gemeinsame Bekannte haben. Gibt es Prominente, die Ihr Produkt oder Ihre Leistung nutzen? Fallen Ihnen Kunden ein, die witzige Dinge mit Ihrem Produkt erlebt haben? Wenn Sie nicht der Typ sind, dem das spontan im Gespräch einfällt, dann machen Sie sich dazu ein paar Notizen.

Vor allem dann, wenn Sie mit dem gelben Kunden das erste Mal ein längeres Gespräch führen (und vorher herausgefunden haben, dass er hohe gelbe Anteile hat), lassen Sie sich was Besonderes einfallen. Gehen Sie mit ihm in ein In-Lokal zum Essen, laden Sie ihn zu einem Open-air-Konzert ein, zeigen Sie einen Ort, an dem ein berühmter Mensch gelebt hat. Solche Extras behält er in Erinnerung und wird sie mit Ihnen verbinden.

Trotz der Betonung auf dem Unterhaltsamen: Machen Sie sich dennoch vorher klar, welche Ziele Sie verfolgen. Bei einem Gelben kann es Ihnen passieren, dass Sie vor lauter Ratschen und Quatschen den Verkauf vergessen. Auch im Gespräch mit ihm sollten Sie heimlich die Uhr im Auge behalten. Sonst vergehen zwei Stunden, ohne dass Sie irgendetwas miteinander vereinbart haben.

Bereiten Sie witzige und anschauliche kurze Unterlagen vor, die Ihre Präsentation illustrieren und vereinfachen. Was Sie sagen, muss für den Gelben schnell und bildlich erfassbar sein. Sie können ihm auch zum Abschied irgendetwas Originelles schenken, etwa einen ungewöhnlichen Kugelschreiber oder einen Schreibblock, der die Form Ihres Produkts hat, wenn Sie so etwas zur Hand haben. Das gefällt dem gelben Kunden immer.

Checkliste: Vorbereitung auf Gespräche mit gelben Kunden

- Legen Sie sich witzige und unterhaltsame Geschichten zurecht, die Sie zur Begrüßung oder in Ihre Präsentation einfließen lassen.
- Informieren Sie sich über seine Hobbys und Interessen, so dass Sie ihm Stichwörter geben und mitreden können.

Fortsetzung: Checkliste: Vorbereitung auf Gespräche mit gelben Kunden

- Lassen Sie sich für das erste Treffen etwas Besonderes einfallen: ein schönes Erlebnis, ein originelles Geschenk.
- Bereiten Sie Unterlagen vor, die Ihre Darstellung bildlich und grafisch veranschaulichen.
- Machen Sie sich Ihre Ziele klar.
- Platzieren Sie eine Uhr so, dass Sie sie unauffällig im Auge behalten können.

Begrüßung

Es ist leicht, mit einem gelben Kunden in Kontakt zu kommen. Er ist sehr offen und freundlich und Sie finden sofort ein gemeinsames Gesprächsthema. Smalltalk zur Begrüßung muss unbedingt sein. Der gelbe Kunde hat ein Bedürfnis danach und kommt so erst in Stimmung. Erzählen Sie dabei etwas von sich. Der gelbe Kunde hat gerne das Gefühl, Sie zu kennen und etwas über Sie zu wissen – und sei es ganz oberflächlich.

Erzählen Sie aber nur Dinge, von denen es Ihnen nichts ausmacht, wenn Ihr gelber Kunde sie weitererzählt. Er wird Ihnen auch von anderen Menschen, die Sie gar nicht kennen, persönliche Geschichten erzählen.

Der Knackpunkt mit einem gelben Kunden ist, dem Smalltalk und Aufwärmen ausreichend Platz einzuräumen, aber nicht in dieser Phase hängen zu bleiben. Gehen Sie zu schnell zum Geschäftlichen über, so verliert der gelbe Kunde die Lust. Bleiben Sie hier hängen, machen Sie kein Geschäft. Da die meisten gelben Typen auch hohe Anteile des grünen oder des roten Typen haben, dürfte es aber nicht allzu schwer sein, nach einer Weile zum Geschäftlichen überzugehen.

Bedarfsanalyse und Präsentation

Ein gelber Kunde hat sich vorher wahrscheinlich keine genauen Gedanken darüber gemacht, was er eigentlich will. Es kann Ihnen passieren, dass Sie zunächst einmal mit ihm klären müssen, warum genau er sich eigentlich mit Ihnen trifft. Er wird Ihnen aber dankbar sein, wenn Sie dies geduldig mit ihm erarbeiten und seine etwas wirren und sprunghaften Gedanken ordnen.

Wenn er inspiriert ist, dann fallen ihm die kreativsten Ideen ein. Ihr Part ist es, diese auf ihre Realisierbarkeit zu überprüfen und zu einem Ganzen zusammenzufügen. Zollen Sie ihm Anerkennung für seine Einfälle und nehmen Sie sie unbedingt auf – auch wenn nicht alles möglich ist –, sonst wäre das „sich selbst waschende Null-Liter-Sportcabrio" schon erfunden. Aber es ist auch beim gelben Kunden sehr nützlich, wenn das Produkt seinen ganz individuellen Vorstellungen entspricht und er sich damit identifizieren kann. Hat er einmal das Gefühl, dass es „seines" ist und er es unbedingt haben will, dann spielt der Preis keine so große Rolle mehr.

Gehen Sie erst dann zur Präsentation über, wenn Sie den Bedarf Ihres gelben Kunden kurz zusammengefasst haben und er Ihnen zugestimmt hat, sonst kann es passieren, dass Ihre Präsentation gesprengt wird, weil Ihrem gelben Kunden immer wieder einfällt, dass dies ja gar nicht das ist, was er eigentlich will.

Praxis-Tipp:

Führen Sie Ihren gelben Kunden

Bei einem gelben Kunden ist es wichtig, dass Sie das Gespräch aktiv führen, am besten mit Charme und Witz und auf jeden Fall ohne Druck auszuüben, aber doch hartnäckig und mit fester Hand – sonst kommen Sie zu keinen Ergebnissen.

Preisgespräche mit gelben Kunden

Der gelbe Kunde ist besonders empfänglich für eine exklusive Atmosphäre. So ist zum Beispiel für gelbe Kunden das Angebot eines Stuttgarter Bekleidungshauses besonders attraktiv. Dort gibt es in verschiedenen Abteilungen für Damen und Herren Kleidung zu unterschiedlichen Anlässen. Nur eine Abteilung für Herrenausstattung darf nicht von jedem Kunden betreten werden – man kommt nur mit voriger Anmeldung herein, und selbst dann nicht jeder. Nur wer darlegen kann, warum er auf Grund seiner Tätigkeit ein besonderes Interesse an hochwertiger, teurer Herrenmode hat, erhält einen persönlichen Termin. Er wird vorher nach seinen Konfektionsmaßen und seinen Wünschen gefragt. Wenn er kommt, liegt in einem Raum, der nur für ihn reserviert ist, alles parat: Anzüge, Krawatten, Socken, Schuhe, alles aufeinander abgestimmt, in verschiedenen Variationen. Eine Verkäuferin und eine Schneiderin stehen exklusiv zur Verfügung. Getränke nach Wunsch werden serviert, im Hintergrund läuft eine Musik nach dem Geschmack des Kunden. Die Beratung dauert, so lange der Kunde eben braucht. Dass dieser exklusive Service seinen Preis hat, steht außer Frage. Aber besonders ein gelber Kunde ist hier in seinem Element – und wird mit Sicherheit in dieser einzigartigen Atmosphäre keine zähen Preisverhandlungen führen.

Dem gelben Kunden eine Präsentation vorzuführen, macht Spaß. Er hört Ihnen aufmerksam zu, vor allem, wenn Sie sich bildhaft ausdrücken, Beispiele geben und ihn immer wieder mit einbeziehen.

Einem gelben Kunden müssen Sie nicht „alles" präsentieren. Beschränken Sie sich auf die wesentlichen Aspekte. Gehen Sie auf technische Details nur am Rande ein und legen Sie die Betonung vor allem auf den Nutzen und die persönlichen Vorteile, die Ihr gelber Kunde von Ihrem Produkt hat. Die Präsentation verläuft wahrscheinlich eher in Form einer Diskussion oder eines lebhaften Gesprächs. Lassen Sie den gelben Kunden immer wieder reden, dann bekommen Sie mit, ob Sie ihn erreichen oder nicht.

Praxis-Tipp:

Halten Sie die Ergebnisse immer schriftlich fest

Fixieren Sie alles schriftlich, was Sie mit dem gelben Kunden erarbeitet haben, sei es am Flipchart oder auf einem Notizblock. Das sollten keine detaillierten Ausführungen sein, aber Stichwörter, die die Ergebnisse kurz wiedergeben. Damit können Sie bewirken, dass Ihr gelber Kunde Dinge nicht immer wieder neu verhandelt. So kommen Sie schließlich zu einem Endergebnis.

Was motiviert den gelben Kunden zum Kauf?

- Produkte und Leistungen, mit denen er seiner Zeit voraus ist und als Vorreiter bekannt wird.
- Alles, was sein Image verbessert, was auffällt, was dazu beiträgt, dass er mit anderen Menschen in Kontakt kommt.
- Alles, was zu seinem Lebensgenuss beiträgt und Spaß macht.
- Zeitgeist-Produkte, die „man" unbedingt haben muss, um „in" zu sein.
- Produkte und Leistungen, die dazu beitragen, dass er gut aussieht sowie jung und dynamisch bleibt – oder zumindest so wirkt.
- Ein gutes Gefühl beim Kauf, wenn er den Verkäufer mag und sich insgesamt wohl fühlt.
- Ein unkompliziertes Verkaufsgespräch in lockerer Atmosphäre ohne langwierige Erklärungen.
- Ein persönlicher Bonus oder Incentive.

Einwände

Der gelbe Kunde scheint meist begeistert zu sein. Er ist niemand, der nach Fehlern sucht oder Mängel wittert. Wenn Sie im Gespräch und anhand seines Feedbacks gemeinsam das Produkt entwickeln, dann müssen Sie nicht mit Einwänden rechnen.

Ansonsten dürfte es schwierig werden, Vorbehalte bei ihm zu erkennen. Er möchte die gute Stimmung nicht zerstören, und wenn er nicht überzeugt ist, wird er dies wahrscheinlich nicht offen sagen. Seinen heimlichen Rückzug merken Sie eher daran, dass er unkonzentriert wird oder verstärkt über andere Themen redet, die nichts mit dem Geschäft zu tun haben.

Lassen Sie sich deshalb von seiner Begeisterung nicht täuschen. Bleiben Sie skeptisch und fragen Sie immer wieder nach. Wenn er merkt, dass es die Stimmung nicht ruiniert und Sie trotz seiner Einwände offen und freundlich bleiben, dann rückt er auch damit heraus.

Testen Sie die Abschlusswilligkeit Ihres gelben Kunden

Auch beim gelben Kunden kann es Ihnen passieren, dass er aus seiner Begeisterung heraus umgehend beschließt, Ihr Produkt zu kaufen. Dann wird er selbst nach dem Preis fragen, oder Sie testen durch Detailfragen zum Prozedere seine Kaufbereitschaft: „Wann möchten Sie denn das erste Mal in Ihrer neuen Büroeinrichtung sitzen?"

Sehr hilfreich für den Abschluss ist es, wenn Sie den gelben Kunden Ihr Produkt ausprobieren lassen, sofern das möglich ist. Wenn er ein Gefühl dafür entwickelt hat, dann kann es sein, dass er unmittelbar im Anschluss bereit ist, es auch zu kaufen.

Praxis-Tipp:

Lassen Sie sich nicht abwimmeln

Ist der gelbe Kunde nicht überzeugt, dann versucht er, Sie auf freundliche Weise loszuwerden. Oft hören Sie dann die Floskel: „Ich rufe Sie in den nächsten Tagen wieder an." Das wird er aber nicht tun. Entweder es gelingt Ihnen, ihn doch noch zu begeistern, oder Sie übernehmen den Anruf und melden sich nach drei Tagen wieder bei ihm. Vielleicht ist er da besser drauf und ist geschmeichelt, dass Sie ihn so hartnäckig gewinnen wollen.

Unter Stress – damit müssen Sie beim gelben Kunden rechnen

Der gelbe Kunde gerät unter Stress, wenn

- ihm keine Anerkennung gegeben wird,
- er in einer ernsthaften, sehr förmlichen Umgebung ist,
- er länger nicht selbst reden kann,
- er Routinearbeiten erledigen muss,
- man ihm Vorschriften macht, und
- er sich zu viele Dinge auf einmal aufgehalst hat und alles über ihm zusammenbricht.

Gerät er im Verkaufsgespräch unter Stress, dann müssen Sie mit folgendem Verhalten rechnen:

- Er wird konfus, weiß nicht mehr, was er will, springt von einem zum anderen.
- Er kann sich nicht entscheiden, redet endlos, um eine Entscheidung herauszuzögern.

- Er hört nicht mehr zu, was andere sagen.
- Er fängt an, sich selbst darzustellen und zu produzieren, um zu überspielen, dass er verunsichert ist.

Wie reagieren Sie, wenn Ihr gelber Kunde konfus wird?

Lassen Sie sich vor allem nicht anstecken. Oft wird man selbst ganz wirr, wenn andere unzusammenhängend daherreden. Halten Sie die bisherigen Ergebnisse fest, möglichst sichtbar. Gehen Sie mit ihm an einen Punkt zurück, wo Sie sich noch einig waren und der gelbe Kunde Ihnen gefolgt ist. Versuchen Sie herauszufinden, was der Auslöser seines Stresses ist und ob es in Ihrem Einfluss liegt, daran etwas zu ändern.

Oft helfen Pausen. Sorgen Sie für eine Unterbrechung, eine Kaffee- oder Mittagspause. Eine Ortsveränderung bewirkt oft auch eine Veränderung der Perspektive, oder vertagen Sie das Gespräch – nicht ohne die bisherigen Ergebnisse schriftlich zusammenzufassen.

Äußern Sie auf jeden Fall Verständnis und sorgen Sie dafür, dass Sie auf der Beziehungsebene in Kontakt mit dem gelben Kunden bleiben. Auf keinen Fall sollten Sie auf ihn einreden oder ihn von etwas zu überzeugen versuchen, solange er dafür nicht aufnahmebereit ist. Das verschlimmert die Situation nur.

2. Strategien für das Preisgespräch

Der gelbe Kunde ist ein Feilscher, aber kein Preisdrücker. Der Unterschied: Ihm macht das Spielerische daran Spaß – aber hart zu verhandeln, das ist nicht seine Sache, denn das würde die gute Stimmung und das gegenseitige Einvernehmen zerstören. Wenn er merkt, dass Sie nicht bereit sind, ihm ein bisschen entgegenzukommen, dann verliert er die Lust daran und lässt das Geschäft lieber ganz. Im Grunde ist der gelbe Kunde aber ein angenehmer Partner im Preisgespräch, denn

- er ist offen und zugänglich und sieht ein, dass beide Seiten auf ihre Kosten kommen wollen;
- wenn er von einem Produkt so richtig begeistert ist, dann schaut er nicht so genau auf den Preis;
- er leistet seinen Beitrag dazu, dass auch das Preisgespräch in einer angenehmen Atmosphäre stattfinden kann.

Empfehlungen für gute Preisverhandlungen mit gelben Kunden

- Schaffen Sie ein angenehmes Verhandlungsklima, streuen Sie immer wieder Smalltalk ein.
- Zeigen Sie Gefühle, seien Sie nicht eiskalt.
- Dosieren Sie Ihre Begeisterung und zeigen Sie Zuversicht, was das Zustandekommen des Auftrags betrifft.
- Sorgen Sie dafür, dass Ihr Kunde und Sie Gewinner sind.
- Bewegen Sie ihn zu Stellungnahmen.
- Bestätigen Sie sofort das Verhandlungsergebnis und halten Sie es schriftlich fest.

Struktur einer Preisverhandlung

Das Preisgespräch mit dem gelben Kunden dauert ebenfalls nicht allzu lang. Er mag keine langen Diskussionen. Wenn Sie ihn entsprechend für Ihr Produkt begeistert haben, dann schlägt er auch bald ein. Ein Preisgespräch wird wahrscheinlich folgendermaßen ablaufen:

1. Sie begeistern Ihren Kunden vom Produkt und wecken seine Emotionen.
2. Sie sichern die Kaufentscheidung ab: „Wann möchten Sie Pflanzen in Ihrem Garten bewundern? Wir können innerhalb von fünf Tagen liefern."
3. Bei einem Preiseinwand bieten Sie ihm einen persönlichen Incentive (siehe unten).
4. Falls noch keine Einigung zustande gekommen ist: Sie fordern ein Zugeständnis für einen Nachlass ein: „Gerne komme ich Ihnen noch etwas entgegen. Wenn ich Ihnen drei Prozent einräume, unterschreiben Sie dann jetzt sofort?"
5. Einigung und Abschluss.

Erzeugen Sie „irre" Gefühle

Der gelbe Kunde ist ein Gefühlsmensch. Er schwankt zwischen himmelhochjauchzend und zu Tode betrübt. Er kann sich so richtig für Ihr Produkt oder Ihre Leistung begeistern – oder es als langweilig und fad empfinden. Sie können viel dazu beitragen, um seine Empfindungen gegenüber Ihrem Produkt möglichst positiv und angenehm zu gestalten – ihm quasi ein „irres" Gefühl zu geben. Das erreichen Sie, indem Sie

- ihm ausmalen, wie er Ihr Produkt genießen wird. „Stellen Sie sich vor, wie Sie an einem kalten Dezemberabend bei Kerzenschein mit Ihrer Liebsten dinieren und im Hintergrund knackt Ihr neuer Kamin und verströmt angenehme Wärme";
- ihm Szenen in Aussicht stellen, die ein Gelber gerne erlebt: „Jetzt stellen Sie sich vor, wie Sie in diesem schicken Kostüm ein Restaurant betreten. Ich wette mit Ihnen, alle Blicke werden sich auf Sie richten";

- ihm vor Augen führen, wie er mit Ihrem Produkt andere beeindrucken wird: „Ich sage Ihnen: Ihre Kollegen werden riesengroße Augen kriegen, wenn Sie hören, was Sie auf dieser einmaligen Reise alles erlebt haben";
- ihm beschreiben, warum er mit Ihrem Produkt zu den Trendsettern gehört: „Das macht doch fast niemand, von unterwegs übers Handy E-Mails abrufen und die Börsenkurse im Internet nachschauen. Damit sind Sie Ihrer Zeit absolut voraus."

In den USA stellte einmal ein Autohaus ein Modell in sein Schaufenster und wunderte sich über den reißenden Absatz, den es innerhalb kürzester Zeit fand. Schließlich stellte sich heraus: Direkt gegenüber von diesem Schaufenster befand sich ein Spiegel. Die Leute konnten sich in das Auto setzen und sehen, dass sie darin eine gute Figur machten. Genau das Richtige für gelbe Kunden!

Geben Sie Incentives und Boni

Dem gelben Kunden liegt nicht viel daran, sich gegenüber anderen zu brüsten, wie sehr er Sie heruntergehandelt hat. Viel wirksamer bei ihm ist, wenn Sie ihm einen persönlichen Anreiz geben: Ein Geschenk oder ein Anreiz, der sein Lebensgefühl steigert:

- „Wenn Sie mehr als 100 Stück abnehmen, dann erhalten Sie gratis eine Ballonfahrt für zwei Personen inklusive anschließendem Essen."
- „Wenn Sie sich heute für das Auto entscheiden, überlassen wir Ihnen unser Vorführcabrio am kommenden Wochenende für einen Ausflug."
- „Kunden, die uns bis zum Ende dieses Monats einen Auftrag geben, nehmen an unserem Gewinnspiel teil. Es geht um ein Wochenende in Paris, all inclusive, versteht sich."

Preisgespräche mit gelben Kunden

Beim gelben Kunden kommt es auch gut an, wenn er zur Abwechslung einmal Geld von Ihnen erhält, und zwar in Form eines Bonus. „Wenn Ihr Auftragswert mehr als 50 000 EUR beträgt, überreichen wir Ihnen einen Bonus von 250 EUR."

Boni lassen sich geben für:

- Mehrumsatz;
- als vorübergehende Möglichkeit der Preissenkung;
- für breitere Bestellungen (Sortimentsbonus).

Praxis-Tipp:

Räumen Sie einen Bonus ab einer bestimmten Umsatzschwelle ein

Sie können auch einen Bonus einräumen, wenn ein bestimmter Umsatz überschritten wird: „Bei einem Umsatz von mehr als 50 000 EUR im Jahr geben wir einen Bonus von 10% auf jeden weiteren Umsatz."

Ab dieser Umsatzschwelle sind nämlich Ihre Kosten gedeckt. Am Zusatzertrag lassen Sie dann den Kunden teilhaben.

Als Anreiz, sich für Ihr Produkt zu entscheiden, eignen sich beim gelben Kunden auch zusätzliche Sachleistungen sehr gut, so zum Beispiel:

- Teilnahme an einer Motivationsveranstaltung oder an einem großen Fest für ausgewählte Kunden;
- andere Produkte aus dem Sortiment zum Ausprobieren;
- ein Extra in der Ausstattung, auf das der Kunde sonst verzichtet hätte.

Visualisieren Sie den Preis

Gelbe Menschen haben eine starke Einbildungskraft. Sie haben meistens ein Bild im Kopf von den Dingen, über die sie sprechen. Wenn sie etwas kaufen, dann müssen sie sich bildhaft ausmalen können, wie sie das Produkt benutzen, genießen und in ihr Leben integrieren.

Gehen Sie auf dieses Bedürfnis ein, auch während der Preisverhandlung:

- fertigen Sie kleine Skizzen an, die die Leistungen darstellen, die der Preis umfasst;
- notieren Sie auf Ihrem Notizblock groß und deutlich die Zahlen, über die Sie verhandeln;
- fügen Sie kleine Grafiken hinzu, die veranschaulichen, wie sich die einzelnen Angebote voneinander unterscheiden. Etwa so:

Angebot A	Angebot B	Angebot C
		Luxus HIK +
	Komfort EFG +	Komfort EFG +
Basisausstattung ABC	Basisausstattung ABC	Basisausstattung ABC

Preisgespräche mit gelben Kunden

Bereiten Sie Angebote vor, in denen Sie Symbole verwenden, die im Gedächtnis des gelben Kunden haften bleiben, zum Beispiel:

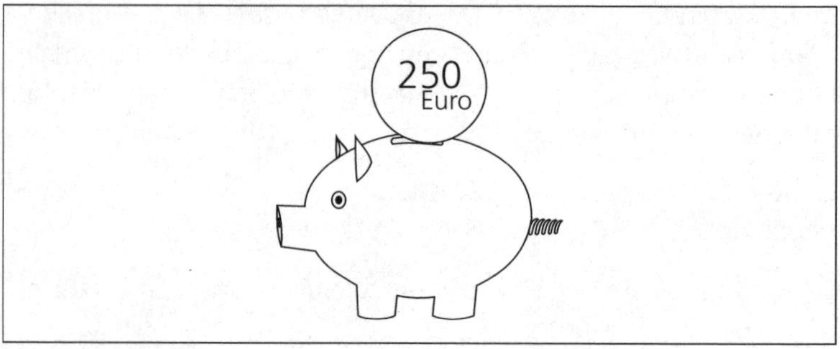

Normalpreis: 50 EUR pro Stück

Ab 50 Stück Sonderaktion: 45 EUR pro Stück

Sie sparen: 250 EUR!

Durch bildliche Darstellung können Sie auch kompliziertere Rechnungen einfach darstellen. Unter Umständen bereiten Sie das Material schon vor dem Gespräch vor. Es gibt viele anschauliche Computergrafiken, mit denen sich komplexe Sachverhalte vereinfachen lassen. Bei einem gelben Kunden zahlt sich das aus. Je einfacher Sie es ihm machen, etwas schnell und unkompliziert zu verstehen, desto mehr wird er Ihre Beratung schätzen.

Grafiken, Skizzen und Abbildungen können Sie auch verwenden, um Ihre Unterlagen witziger und „atmosphärischer" zu gestalten. Cartoons oder der eine oder andere witzige Spruch auf Ihrem Angebot bewirken beim gelben Kunden, dass er es gerne und mit einem Lächeln in die Hand nimmt. Er kriegt ein gutes Gefühl dabei und das ist bei ihm wichtiger, als dass er von seinem wirtschaftlichen Nutzen überzeugt ist.

Die treffende Wortwahl

Selbstverständlich gehört zur bildhaften Darstellung auch eine bildhafte Sprache. Malen Sie mit Ihren Worten Bilder. Geben Sie ihm Beispiele, die den Nutzen illustrieren: „Auch in fünf Jahren, wenn Ihr kleiner Sohn in die Schule kommt, wird diese Maschine noch einwandfrei laufen. So lange übernehmen wir dafür die Garantie."

Der Gelbe sieht seinen Sohn, der gerade in den Windeln strampelt, vor sich, wie er mit Schultüte seinen ersten Schultag begeht. Wahrlich liegt eine beträchtliche Zeitspanne dazwischen!

Unterstützen Sie seine Phantasie, indem Sie ihm sprachlich ausmalen, wie er Ihr Produkt nutzt und was seine Vorteile sind. Er muss selbst sehen können, wie er von Ihrem Produkt profitiert: „Mit den Anzeigen in unserer Zeitung wird Ihre Firma, werden Sie selbst, in aller Munde sein. Ihre Kunden werden Sie darauf ansprechen. Menschen, denen Sie noch nie begegnet sind, wird Ihr Name etwas sagen."

Mehrverkauf durch ergänzende Produkte

Der Kunde hat sich für Ihr Modell begeistert und ist entschlossen, es zu kaufen. Beim gelben Kunden können Sie den Überschwang nutzen, um am Rande noch ergänzende Produkte zu verkaufen. Wo der rote Kunde abwinkt, weil er sich nichts aufschwatzen lassen mag, der grüne skeptisch ist und der blaue sowieso nichts spontan kauft, stimmt der gelbe voller Begeisterung zu. Gespart wird morgen wieder. Zusätzliche Produkte können sein:

- Mittel zur Reinigung und Pflege des Produkts: Spray, Pflegeset;
- ergänzende Produkte: Krawatte und Krawattennadel zum Anzug, Garagenplatz zur Wohnung;

- Service-Dienstleistungen: regelmäßige Wartung;
- Luxusausstattung: Sportsitze statt normaler Sitze.

Nettopreise statt Bruttopreise

Sie kennen den alten Streit: Sind Nettopreise oder Bruttopreise attraktiver?

- Nettopreise liegen niedriger und erzielen damit eine bessere Wirkung. Sie machen deutlich, dass hier ein absoluter Tiefpreis, ein Schnäppchen angeboten wird. Der Nachteil: Der Preis ist fest, der Kunde kann nicht mehr feilschen. Er wird um das Erlebnis des Gewinnens gebracht.
- Bruttopreise liegen zwar optisch höher, eröffnen aber die Möglichkeit zu feilschen, Rabatte, Boni etc. einzuräumen. Der Kunde hat größeren Verhandlungsspielraum.

Nettopreise sind demnach nichts für rote und blaue Kunden: Sie würden nicht akzeptieren, dass sie nicht feilschen dürfen. Die Gefahr, dass der Nettopreis in Frage gestellt wird und auch über ihn verhandelt werden soll, ist zu groß. Grüne Kunden werden einem Nettopreis wahrscheinlich etwas misstrauisch gegenüber stehen, weil sie glauben, dass daran etwas faul ist.

Für den gelben Kunden sind Nettopreise jedoch gut geeignet. Haben Sie Produkte oder Leistungen, die von gelben Kunden bevorzugt werden, dann können Sie sie getrost mit Nettopreisen ausschreiben. Der Gelbe verzichtet gerne auf die Feilscherei, wenn er damit schnell und praktisch zu einem guten Preis kommt.

Bieten Sie Schwellenpreise an

Preise müssen das Gefühl geben, dass sie eigentlich teurer sein könnten, der Anbieter aber eine bestimmte Schwelle nicht überschreiten wollte. Wenn Sie für einen gelben Kunden ein Angebot erstellen, dann sollten die Preise so aussehen:

Angebot A	12 640 EUR
Angebot B	13 980 EUR
Angebot C	17 699 EUR

Warum? Ein knapp unter einer Schwelle angesetzter Preis wirkt günstiger. Selbst wenn unser Verstand uns sagt, dass zwischen 99 Cent und einem Euro nur ein minimaler Unterschied ist – wir empfinden 99 Cent dennoch als niedriger. Der gelbe Kunde entscheidet am ehesten auf Grund solcher Empfindungen.

Das hängt auch damit zusammen, dass man sich lieber mit Höherem identifiziert: 99 Cent klingt aufstrebend, 1,20 EUR dagegen klingt nach Bodenhaftung. Also keine Angebote mit 12 220 EUR, auch wenn es witzig klingen mag, viel besser wirken 12 890 EUR – man ist im oberen Bereich und dennoch unter der Schwelle. Psychologie ist alles – auch im Verkauf. Das gilt gerade für den für Stimmungen so empfänglichen gelben Kunden.

Sie können Preisschwellen auch nutzen, um Nachlässe, die tatsächlich gar nicht so beträchtlich sind, nach mehr klingen zu lassen:

Dafür legen Sie den Preis zunächst knapp über der Schwelle fest: 101,50 EUR pro Stück. Schließlich räumen Sie dem Kunden einen Rabatt ein, wenn er mehr als 100 Stück abnimmt: Plötzlich liegt der Preis bei magischen 99 EUR pro Stück. Das klingt nach einem enormen Nachlass – die Schwelle von 100 EUR wurde unterschritten. Der gelbe Kunde ist davon beeindruckt. Er rechnet nicht mit dem Taschenrechner nach, was unter dem Strich herauskommt.

Inszenieren Sie Erlebnisse

Beispiel 1:

Ein exklusives Hutgeschäft in New York stand vor der Pleite. Als letzte Rettung hatte der Besitzer folgende Idee. Er stellte nichts anderes als einen Tirolerhut mit einem gewaltigen Gamsbart in das Schaufenster, fügte ein Schild mit einem utopischen Preis an sowie in dicken Lettern die Zeile: „Der teuerste Hut von New York".

Es dauerte nicht lange, bis die Leute am Schaufenster stehen blieben und neugierig den Laden betraten. In einer Zeitung erschien ein Foto von dem Hut samt seiner Schlagzeile. Jetzt kamen Leute extra wegen des Huts vorbei. Der Laden wurde weiterempfohlen. Bald florierte das Geschäft wieder. Mit Sicherheit waren unter den ersten neugierigen Kunden viele mit hohem Gelbanteil. Ein witziges Erlebnis, ein Gag, die Berühmtheit eines Geschäfts ist für sie immer ein Grund, dort zu kaufen – und den Preis nicht in Frage zu stellen.

Beispiel 2:

Ein Autohersteller bot seinen Kunden an, ihr Auto selbst im Werk in Dresden abzuholen. Aber nicht nur das: Sie konnten zuschauen, wie das Auto in der Fabrik aus seinen einzelnen Bestandteilen zusammengesetzt wurde. Sie erhielten zwei Eintrittskarten für die berühmte Semper-Oper. Sie verbrachten einen Tag in der Sächsischen Schweiz. Selbstverständlich übernahm der Hersteller auch die Übernachtungskosten in einem schönen Dresdner Hotel. Ein unvergleichliches Erlebnis. Ein gelber Kunde wird das Auto schon deswegen kaufen – und akzeptieren, dass es etwas teurer als andere Autos ist.

Was hatte der Autohersteller davon? Ganz einfach: Er hatte auf diese Weise von der Stadt Dresden die Erlaubnis erhalten, unmittelbar vor den Toren der Stadt seine Fabrik zu bauen. Seine Kunden wurden so Werbeträger für Dresden.

Beispiel 3:

Der Mensch hat das „Streben nach Höherem", und so sitzt auch kein Vorstand im Keller eines Hauses. Wer Geld hat, will sich nicht „bücken". Viele Erfahrungen zeigen, dass die Speisen eher bestellt werden, die oben auf der Karte stehen.

Ein Gastwirt eines Winterskiortes bot folgende Speisekarte an.

Gasthaus zum Goldenen Löwen

Hacksteak mit Rösti	12,80 EUR
Fiaker-Gulasch mit Nudeln	14,80 EUR
Wiener Schnitzel mit Pommes frites	15,80 EUR
Cordon Bleu mit Pommes frites	17,80 EUR
Rehnüsschen mit Spätzle und Waldpilzen	22,80 EUR
Flammender Ritterspieß mit Kroketten und Salat	24,80 EUR

Erich Norbert Detroy fragte ihn eines Tages, was er ihm gäbe, wenn er mit einem einfachen Tipp zur Speisekarte seinen Umsatz erhöhen würde. Etwas verwundert erklärte der Gastwirt sich bereit, ihn dann einmal zum Essen einzuladen. Der Tipp lautete: „Drehen Sie die Speisekarte um. Nehmen Sie die teuren Gerichte nach oben und die billigen nach unten."

Am nächsten Tag strahlte der Wirt über das ganze Gesicht. Der Umsatz war um 30% gestiegen! Die Esseneinladung wurde auf eine ganze Woche ausgedehnt . . .

Warum? Wenn Sie etwas Teures verkaufen wollen, dann müssen Sie mit dem Teureren beginnen.

3. Fehler, die Sie vermeiden können

Beim gelben Kunden können Sie gar nicht so viele Fehler machen, außer – das wurde sicherlich deutlich – Sie langweilen ihn mit einem sachlichen, faktenreichen Vortrag. Vermeiden sollten Sie außerdem folgende Situationen.

Sie bleiben nicht am Kunden dran

Beim gelben Kunden ist es besonders wichtig, dass Sie sehr konsequent an ihm dranbleiben. Er ist nicht „treu": Wenn der Verkäufer von der Konkurrenz geschickt ist und ihm eher liegt, hat er keine Bedenken zu wechseln. Wenn Sie nicht am Ball bleiben, kann es geschehen, dass er plötzlich zur Konkurrenz gewechselt ist, nur weil Sie sich zwei Wochen nicht bei ihm gemeldet haben. Halten Sie deshalb engen Kontakt zu ihm – kurze Anrufe sind ihm immer willkommen. Fragen Sie etwas nach, informieren Sie ihn über den Stand der Dinge. Wenn Sie beispielsweise Ihr Angebot nicht sofort unterbreiten, sondern im Büro bei sich vorbereiten, dann rufen Sie ihn an, um letzte Detailfragen zu klären:

„Herr Kunde, ich bin gerade dabei, Ihr Angebot fertig zu stellen. Mir fiel dabei auf: Die neuen Computer für Ihr Büro sind bisher nicht mit Scannern ausgerüstet. Wäre das nicht noch eine sinnvolle Investition? Heutzutage gibt es immer wieder Dokumente, die man am Bildschirm bearbeiten können muss. Sollen wir das noch aufnehmen?"

Der Kunde reagiert darauf.

Sie: „Okay, Herr Kunde, dann wäre das geklärt. Sind Sie um 14 Uhr im Büro? Ja? Dann faxe ich Ihnen das Angebot zu und rufe Sie ein paar Minuten später an, damit wir es besprechen können."

Wenn Sie versprechen, etwas zu einer bestimmten Uhrzeit zu faxen oder anzurufen, müssen Sie es natürlich auch tun. Dann merkt der gelbe Kunde, dass er Ihnen wichtig ist und Ihnen am Geschäft liegt. Bleiben Sie im engen Kontakt mit ihm, bis das Geschäft abgeschlossen ist – und melden Sie sich auch anschließend regelmäßig bei ihm. Einem gelben Kunden müssen Sie sich immer wieder in Erinnerung rufen, sei es durch Anrufe, interessante Artikel, einem gemailten Witz …

Praxis-Tipp:

Äußerst wichtig: Halten Sie Kontakt!

Selbstverständlich gilt für alle Kunden: Sie müssen den Kontakt halten. Verkäufer, die glauben, Sie machen Ihr Angebot, und der Kunde wird sich dann schon melden, haben meist das Nachsehen – bei allen Kundentypen.

Wenn Sie Termine und Telefonate vereinbaren, müssen Sie diese bei allen Farbtypen pünktlich ausführen – so werden Sie verlässlich, und Ihre Kunden gewinnen Vertrauen. Kein anderer Kundentyp ist allerdings so schnell bei der Konkurrenz wie der gelbe Kunde, ganz einfach deshalb, weil er am meisten Kontakte in alle Richtungen hält.

Sie drücken keine Freude aus

Einem gelben Kunden sollten Sie sehr deutlich signalisieren, dass Sie Freude daran haben, ihm etwas zu verkaufen. Nicht nur mit Worten, sondern auch mit Ihrer Körpersprache.

Auf einem Flohmarkt war einmal ein Verkäufer zu beobachten, der Würfel verkaufte. Es gab kein Schild, das über den Preis informierte. Jedes Mal, wenn ihn jemand nach dem Preis fragte, stand der Verkäufer auf, knöpfte sich das Sakko zu und sagte: „Er kostet 5 EUR." Niemand kaufte. Er setzte sich wieder hin und knöpfte das Sakko wieder auf.

Warum kaufte niemand? Außer dass er den Preis hart nannte („Er kostet": Niemand möchte Kosten haben!) und die Vorteile des Würfels in keiner Weise anpries, strahlte seine ganze Haltung Förmlichkeit aus. Das Sakko hätte er auf dem Flohmarkt sowieso weglassen können – aber es auch noch extra zuzuknöpfen, bevor er den Preis nennt, war der Gipfel der Distanz.

Das kam bei keinem Farbtypen an. Ein blauer Kunde hätte noch am ehesten gekauft – ein gelber niemals. Bei ihm ist es wichtig, dass Sie auch mit Ihrer Körpersprache Offenheit signalisieren. Das bedeutet:

- Wenn der Kunde Ihr Büro betritt und Sie sitzen zufälligerweise ohne Sakko da, dann ziehen Sie es nicht extra an. Zeigen Sie sich so, wie Sie sind, und nehmen Sie keine förmliche Rolle ein.
- Halten Sie beim Preisgespräch die Hände offen, mit den Handflächen nach oben. Mit dieser Geste nimmt man etwas in Empfang. Nimmt man dagegen jemandem etwas weg (zum Beispiel sein Geld), dann macht man das, indem man zugreift, wobei der Handrücken nach oben zeigt. Halten Sie beispielsweise während des Preisgesprächs einen Kugelschreiber so in der Hand, als würden Sie damit gleich den Preis notieren, so signalisieren Sie unwillkürlich: Gleich lege ich den Stift weg und greife zu. Achten Sie darauf, dass Sie Ihre Hände offen zeigen.
- Nicken Sie, wenn Sie den Preis nennen. Menschen machen unbewusst nach, was andere Ihnen vormachen. Durch Ihr Nicken entsteht beim Kunden ein positives Gefühl. Das können Sie noch durch ein freundliches Lächeln verstärken. Da kommt der Preis gleich ganz anders an, als wenn Sie abwehrbereit oder verkrampft signalisieren, dass Sie mit dem Widerstand des Kunden rechnen.

4. Preisdrücker-Taktiken gelber Kunden

So nett gelbe Kunden sind: Natürlich schauen auch sie auf ihren eigenen Vorteil. Die folgenden Taktiken, um den Preis zu drücken, sind typisch.

Übertriebene Zukunftsaussichten

Der gelbe Kunde malt Ihnen die schönsten Bilder künftiger Aufträge an die Wand – wenn Sie ihm in dieser Sache einen Nachlass einräumen, so nach dem Motto: Dann beginnt das eigentliche Geschäft erst! Da seien so einige Projekte geplant, gegen die der jetzige Auftrag noch gar nichts sei!

Sie werden hellhörig und sind natürlich daran interessiert, den Kunden zu gewinnen und an sich zu binden. Dass all die in Aussicht stehenden Projekte noch längst nicht spruchreif sind, „vergisst" der gelbe Kunde im Überschwang des Gefechts.

Praxis-Tipp:

Ihre Reaktion auf übertriebene Zukunftsaussichten

Fragen Sie gezielt nach, wie realistisch die in Aussicht gestellten Projekte und Aufträge sind, oder vereinbaren Sie, Nachlässe ab einem bestimmten Jahresvolumen einzuräumen – das dann erst einmal getätigt werden muss.

Wechselnde Gesprächspartner

Sind in Ihrem Kundenunternehmen mehrere gelbe Kunden als Einkäufer beschäftigt, so kann es sein, dass – unbewusst oder absichtlich – die Taktik verfolgt wird, Sie mit wechselnden Gesprächspartnern verhandeln zu lassen. Der Neue hat dann wenig Ahnung von dem, was bisher fixiert wurde, und geht mit großer Unbefangenheit ans Preisgespräch heran. Sie müssen wieder von vorne anfangen, alle bisherigen Absprachen gelten nicht mehr, vor allem, wenn nichts schriftlich fixiert war, wie bei gelben Typen durchaus üblich.

Praxis-Tipp:

Ihre Reaktion auf wechselnde Gesprächspartner

Versuchen Sie es so einzurichten, dass Sie mit demselben Gesprächspartner zu tun haben. Wenn das nicht möglich ist, so fixieren Sie alle Ergebnisse schriftlich, so dass Sie nicht immer wieder von neuem anfangen müssen.

Schlagfertig reagieren auf Nachlassforderungen oder „zu teuer"-Einwände

- „Bei genauerer Betrachtung steigt beim Preis die Achtung." (frei nach Wilhelm Busch)
- „Wir sind alle nicht so reich, dass wir uns ein billiges Produkt leisten könnten, denn . . ."
- „Preis gut – alles gut!"
- „Das Billigste kann nicht das Beste sein, das Beste nicht das Billigste, doch Ihnen ist nur mit dem Besten gedient."

Vertrauensvoll und beständig – Preisgespräche mit grünen Kunden

7

1. Was muss vor dem Preisgespräch gelaufen sein?

Ehe Sie einem grünen Kunden etwas verkaufen können, müssen Sie sein Vertrauen gewonnen haben. Das ist gar nicht so leicht, denn er ist ein skeptischer Mensch. Er hegt schnell den Verdacht, dass andere ihn übervorteilen wollen und er aus lauter Gutgläubigkeit darauf hereinfällt. Wenn Sie das Vertrauen Ihres grünen Kunden gewinnen wollen, dann ist wichtig:

- *Zeit für das Gespräch:* Nehmen Sie sich ausreichend Zeit und signalisieren Sie dem Kunden, dass Sie ihn wirklich verstehen wollen. Sorgen Sie für eine entspannte, gemütliche Atmosphäre.
- *Bedarf in Ruhe klären:* Gehen Sie auf ihn ein, stellen Sie Rückfragen, bis Ihnen wirklich klar ist, was er will.
- *Diskretion wahren:* Stellen Sie ihm keine persönlichen Fragen, ehe Sie nicht sein Vertrauen erworben haben. Erzählen Sie keine persönlichen Dinge von anderen Leuten, sonst denkt er, dass Sie auch seine privaten Dinge ausplaudern, und öffnet sich nicht.
- *Referenzen anbieten:* Am besten ist es, wenn Sie von jemandem empfohlen werden, dem der grüne Kunde vertraut. Dann haben Sie Vorschusslorbeeren. Ansonsten können Sie ihm Referenzen von Kunden, die Ihr Produkt nutzen, anbieten.

Vorbereitung

Ein grüner Kunde braucht viele Informationen, also machen Sie sich inhaltlich firm. Auch ausführliche Unterlagen sollten Sie parat haben. Sie wollen einen seriösen Eindruck bei Ihrem Kunden hinterlassen. Deshalb müssen Sie nicht unbedingt einen Anzug tragen – aber traditionelle Kleidung kommt bei ihm sicher besser an als Minirock mit Stöckelschuhen oder Jeans und schrilles T-Shirt. Die können Sie sich für Ihre gelben Kunden aufheben.

Vorbereiten sollten Sie auch eine Liste mit Kunden, die Ihr Produkt bereits nutzen. Wenn Sie grüne Stammkunden haben, dann treffen Sie mit diesen Absprachen, dass Ihr neuer grüner Kunde sich das Produkt „in Aktion" anschauen kann.

Die Wahl des Ortes sollten Sie dem Kunden überlassen. Im Zweifel kommt er zu Ihnen, weil er Sie in Ihrer Umgebung kennen lernen will. Lädt er Sie ein, zu sich nach Hause oder ins Büro zu kommen, weil er sich da sicherer fühlt, so nehmen Sie das an. Sie erhalten Anhaltspunkte über seine Interessen und Werte, die Ihnen vielleicht für Ihre Präsentation und Nutzendarstellung hilfreich sein können.

Checkliste: Vorbereitung auf Gespräche mit grünen Kunden

- Bereiten Sie sich inhaltlich ausgiebig vor, richten Sie Unterlagen her.
- Planen Sie genügend Zeit ein.
- Stellen Sie eine Liste mit Referenzen zusammen.

Begrüßung

Der grüne Kunde begrüßt Sie freundlich, aber verhalten. Er wartet erst einmal ab, um herauszufinden, was für ein Mensch Sie sind. Deshalb sollten Sie sich öffnen und etwas von sich erzählen, aber nicht wie beim roten Kunden, dem vor allem an Ihrer Kompetenz gelegen ist, sondern eher etwas Persönliches, warum Sie gerade das Produkt verkaufen, warum es Ihnen am Herzen liegt. Tragen

Sie aber nicht zu dick auf, Pathos kommt beim grünen Kunden nicht an. Lassen Sie sich ein bisschen was von ihm erzählen, aber fragen Sie zu Beginn noch nicht zu direkt nach persönlichen Dingen. Später, wenn er Vertrauen gefasst hat, wird Ihnen der grüne Kunde gerne über sich erzählen, aber nicht gleich am Anfang. Er ist ja kein gelber Kunde.

Smalltalk ist eher nicht Sache des grünen Kunden. Wenn Sie sich zu lange mit dem Wetter oder einem anderen sehr allgemeinen Thema beschäftigen, das nichts mit Ihnen beiden oder dem Geschäft zu tun hat, dann denkt er, dass Sie oberflächlich sind. Da er selbst in der Regel ein Mensch mit Tiefgang ist, wäre das der guten Beziehung nicht förderlich.

Wie Sie eine Atmosphäre des Vertrauens herstellen

- Ihr Büro und Ihr Schreibtisch sind sauber und aufgeräumt.
- Sie sind korrekt und neutral gekleidet.
- Sie strahlen Offenheit und Freundlichkeit aus, ohne aufdringlich zu sein.
- Sie sprechen den Kunden höflich und respektvoll an und nennen ihn häufig beim Namen.
- Sie zeigen sich informiert und beschlagen, aber nicht überlegen.
- Sie reden langsam, in ruhiger, tiefer Stimmlage und halten während des Gesprächs freundlichen Augenkontakt.
- Sie lassen den Kunden ausreden und widersprechen ihm nicht offen.
- Sie zeigen Verständnis für Änderungswünsche, was nicht bedeutet, dass Sie ihm Recht geben.
- Sie haben Unterlagen ohne Suchen parat.

Bedarfsanalyse und Präsentation

Die wichtigste Phase mit dem grünen Kunden ist die der Bedarfsermittlung, nicht nur, um genau zu eruieren, was er will. Wenn Sie sich hier intensiv mit ihm auseinandersetzen, dann fördert das auch sein Vertrauen. An Ihren Nachfragen, Ihrem aufmerksamen Zuhören, an den Notizen, die Sie sich machen, merkt er, dass Sie ihm wirklich helfen wollen.

Ihr Interesse darf jetzt ruhig etwas über das Geschäftsmäßige hinausgehen: Sie wollen dem grünen Kunden persönlich helfen, nicht nur damit er kauft, sondern vor allem, damit er zufrieden ist. Zeigen Sie also viel Anteilnahme.

Jetzt können Sie auch Fragen nach seinem persönlichen Hintergrund stellen. Denn sehr oft sind die Bedürfnisse des grünen Kunden mit denen seiner Familie, seiner Freunde oder seiner Kollegen eng verbunden. Er sucht selten nur etwas für sich – meistens muss es auch mit den Wünschen von anderen kompatibel sein. Das ist auch ein Grund, warum er etwas mehr Beratungsbedarf hat als andere.

Versuchen Sie in der Phase der Bedarfsermittlung herauszufinden, welche Überzeugungen und Werte der grüne Kunde vertritt, denn diese beeinflussen seine Entscheidungen ganz wesentlich. Wenn Sie diese kennen, dann wird es Ihnen viel leichter fallen, den Nutzen Ihres Produkts oder Ihrer Leistung herauszustellen.

Wenn Sie mit ihm einer Meinung sind, dann bestärken Sie ihn und stimmen Sie ihm zu. Kurze Diskussionen, in denen Sie sich ein gemeinsames Weltbild – oder zumindest Ausschnitte davon – bestätigen, fördern die gute Beziehung.

Praxis-Tipp:

Seien Sie ehrlich zu Ihrem grünen Kunden

Der Grüne hat ein feines Gespür dafür, ob Sie aufrichtig sind oder Ihre Anteilnahme nur spielen. Lieber halten Sie etwas mehr Distanz, wenn es Ihnen schwer fällt, sich auf ihn einzustellen. Gespieltes Interesse kann der grüne Kunde nicht ausstehen, das würde nur sein Misstrauen fördern.

In Ihrer Präsentation gehen Sie vor allem auf Ihre bewährten Produkte und Leistungen ein. Ein grüner Kunde möchte kein Risiko eingehen und keine neuen Produkte ausprobieren. Das Produkt soll verlässlich sein und ihm keine Schwierigkeiten bereiten. Gute Qualität, umfassender Service und lange Garantiezeiten sind ihm wichtig. Wie erwähnt, sind Referenzen ein gutes Mittel, um ihm Vertrauen in Ihre Produkte einzuflößen.

Bedarfsermittlung und Präsentation mit dem grünen Kunden brauchen Zeit. Sie ist aber eine notwendige Investition, wenn das Preisgespräch gut verlaufen soll. Der grüne Kunde würde nie auf die Idee kommen, über den Preis zu diskutieren, wenn er noch nicht hundertprozentig von Ihrem Produkt überzeugt ist. Ist er dagegen überzeugt, dass Sie ihn gut beraten und langfristig an sich binden wollen, dann wird er auch im Preisgespräch zugänglicher sein.

Versprechen Sie dem grünen Kunden nicht das Blaue vom Himmel herunter, er ist zu sehr Realist und Skeptiker, um es zu glauben. Reißerische Worte beeindrucken ihn nicht. Lieber kennt er auch die Nachteile eines Produkts, als das Gefühl zu haben, nicht für voll genommen zu werden.

Was motiviert den grünen Kunden zum Kauf?

- Produkte und Leistungen, die bewährt und erprobt sind.
- Alles, was seiner Familie oder seinen guten Freunden nützt oder Freude bereitet.
- Alles, was Sicherheit und Absicherung verspricht.
- Produkte und Leistungen, die seinen Überzeugungen und Werten entsprechen.
- Vertrauen zum Verkäufer und die Überzeugung, dass dieser es ehrlich mit ihm meint.
- Das Gefühl, umfassend über Ihr Produkt informiert worden zu sein und es zu kennen.
- Positive Berichte anderer Kunden über Ihr Produkt.
- Garantien und die Sicherheit, keine bösen Überraschungen zu erleben.

Einwände

Dass Ihr grüner Kunde Einwände hat, merken Sie zuerst an seiner Mimik und Körpersprache. Er schweigt, zögert, schaut skeptisch und meidet Ihren Blickkontakt. Übergehen Sie diese Signale nicht. Seine Einwände müssen Sie klären, sonst kauft er nicht. Fragen Sie nach, ermutigen Sie ihn, Ihnen seine Zweifel anzuvertrauen.

Gehen Sie auf seine Einwände ein und zeigen Sie ihm, dass Sie sie nicht persönlich nehmen. Der grüne Kunde ist selbst sehr empfindlich auf Kritik und meint, dass andere ebenso sensibel reagieren. Er wird mit Freude registrieren, wenn Sie sich freundlich und sachlich mit seinen Einwänden auseinander setzen.

Versuchen Sie, in möglichst vielen Punkten mit Ihrem Kunden Übereinstimmung zu erzielen. Lassen Sie sich das immer wieder bestätigen. So führen Sie ihn Schritt für Schritt bis zum Abschluss.

Testen Sie die Abschlusswilligkeit Ihres grünen Kunden

Dass er kaufen will, wird ein grüner Kunde nicht von sich aus signalisieren. Sie merken es am ehesten am Gesichtsausdruck, der entschlossener wird (denn jetzt geht es an den Preis), oder daran, dass er das Produkt anfasst, in die Hände nimmt und sich so zu Eigen macht.

Oft wäre es ihm aber lieber, er könnte sich das Ganze zu Hause oder im Büro noch einmal in Ruhe überlegen. Das sollten Sie vermeiden, denn dort kommen ihm nur wieder Zweifel. Wenn es gar nicht anders geht, dann lassen Sie ihn nur gehen, wenn Sie einen Folgetermin in nächster Zeit vereinbart haben.

Direkte Fragen

Um den grünen Kunden sanft in Richtung Abschluss zu lenken, sind direkte Fragen wie die folgende hilfreich: „Wohin sollen wir liefern? An die Herzogstraße?" Damit signalisieren Sie deutlich, dass Sie eine Entscheidung von ihm erwarten.

Formulieren Sie diese direkte Frage aber nicht als offene Frage, etwa: „Dürfen wir liefern?" Das ist zu unkonkret und bietet ihm eher die Möglichkeit, die Entscheidung noch nicht endgültig zu treffen. Am besten beginnen Sie Ihre direkten Fragen immer mit den Worten: Wann? Wie viel? Wohin? Welche? Wie?

Zusatzfragen

An diese direkte Frage schließen Sie noch eine Zusatzfrage an, die eine mögliche Lösung vorschlägt: „Wie viel Stück kann ich aufschreiben? Sind 300 Stück in Ordnung?" Damit machen Sie es dem Kunden noch etwas schwerer, Ihre direkte Frage mit einem „Ich habe mich noch nicht entschieden" zu beantworten. Er beschäftigt sich dann innerlich mit der Detailfrage. Außerdem können Sie eine Lösung vorgeben, die Sie selbst vorziehen. Bei den Mengen, die Sie verkaufen möchten, geben Sie etwas mehr an, als der Kunde Ihrer Ansicht nach braucht. Dann kann er einschränken: „Nein, 250 Stück sind ausreichend."

Isolationsfragen

Hat der grüne Kunde noch Bedenken, dann helfen oft auch Isolationsfragen. Mit ihrer Hilfe können Sie testen – und auch dem Kunden bewusst machen –, ob tatsächlich nur noch ein einziges Problem den Abschluss verhindert.

Beispiel:

Der Kunde wendet ein: „Ich weiß nicht so recht, ob ich mir und meiner Familie die Finanzierung zumuten soll."

Stellen Sie die Isolationsfrage: „Herr Kunde, ist das die einzige Frage, die Sie noch von einer positiven Entscheidung abhält?"

Bestätigt der Kunde das, so wissen Sie: Wenn Sie dieses Problem mit ihm gelöst haben, dann muss er zustimmen. Natürlich sollten Sie eine Isolationsfrage nur stellen, wenn Sie sich sicher sind, dass Sie das Problem auch wirklich lösen können. Sonst hätten Sie dem Kunden zur Entscheidung verholfen, dass er Ihr Produkt nicht will ...

Unter Stress – damit müssen Sie beim grünen Kunden rechnen

Stress rufen beim grünen Kunden folgende Situationen hervor:

- schnelle Entscheidungen unter Druck,
- eine autoritäre und herablassende Behandlung,
- Druck von außen, Ungeduld anderer,
- fehlende Informationen und Fakten für eine Entscheidung,
- etwas gegen die eigene Überzeugung tun,
- Veränderungen, unbekannte Situationen, sowie
- zu viele Menschen, die er nicht kennt.

Unter Stress gibt sich der grüne Kunde ganz seinem Misstrauen hin. Folgende Verhaltensweisen sind dann für ihn typisch:

- Er zieht sich ganz zurück, sagt nichts mehr und mauert.
- Er ist beleidigt und nimmt alles, was andere sagen, persönlich.
- Er lässt emotional nichts mehr an sich heran, wird völlig unzugänglich und blockt freundliches Entgegenkommen ab.
- Er verharrt stur bei seinen Überzeugungen und ist für keine Argumente mehr offen.
- Er sieht keine Verhandlungsspielräume mehr: Entweder es läuft so, wie er sich das vorstellt – oder gar nicht.
- Er malt schwarz-weiß. Die anderen sind entweder für ihn oder gegen ihn.

Wie reagieren Sie, wenn der grüne Kunde unter Stress gerät?

Geben Sie ihm vor allem Zeit. Ist ein grüner Kunde unter Druck, dann braucht er Luft zum Durchschnaufen. Machen Sie eine Pause, geben Sie ihm Gelegenheit, in sich zu gehen und mit sich selbst wieder ins Reine zu kommen. Der grüne Kunde stellt nie auf stur, um Sie in die Defensive zu bringen, wie etwa der rote Kunde. Wenn er merkt, dass Sie Verständnis haben und ihn nicht drängen, dann kann er sich wieder auf einen sachlichen und ruhigen Ton einlassen.

2. Strategien für das Preisgespräch

Der grüne Kunde befürchtet stets, dass ihm hinterher andere vorwerfen, er habe einen viel zu hohen Preis bezahlt. Deshalb ist es so wichtig, dass er bereits im Vorfeld des Preisgesprächs Vertrauen zu Ihnen entwickelt. Er muss die Überzeugung gewinnen, dass Sie es ehrlich mit ihm meinen und er nicht Gefahr läuft, ein unvorteilhaftes Geschäft zu machen. Dann wird es leichter für Sie sein, mit ihm zu einem Abschluss zu kommen.

Er ist jedoch kein Preisdrücker, der nur auf den eigenen Vorteil bedacht ist. Typisch für den grünen Kunden im Preisgespräch ist, dass

- er Schwierigkeiten hat, eine Entscheidung zu fällen, und dabei viel Unterstützung braucht;
- er versuchen wird, andere in die Entscheidung einzubinden und die Verantwortung zu teilen (Familie, Chef, Kollegen);
- er mehr daran interessiert ist, zusätzliche Leistungen und Service für den gleichen Preis zu erhalten, als einen Nachlass zu bekommen.

Empfehlungen für gute Preisverhandlungen mit grünen Kunden
■ Streben Sie echte gute Zwischenmenschlichkeit an. ■ Behalten Sie die langfristig stabile Beziehung im Blick. ■ Sagen Sie, dass Sie an einem fairen Ergebnis interessiert sind. ■ Seien Sie weich in Ihrer Art, aber hart in der Sache. ■ Zeigen Sie Gefühle. ■ Hören Sie zu: Ein aufmerksamer Zuhörer wertet sich selbst auf. ■ Beweisen Sie Glaubwürdigkeit und Authentizität. ■ Äußern Sie Ihre Besorgnis. ■ Lassen Sie Kunden frühzeitig positive Ergebnisse bestätigen. ■ Bewegen Sie Ihren grünen Kunden zu Stellungnahmen. ■ Bedauern Sie, keinen Präzedenzfall machen zu können. ■ Arbeiten Sie tatkräftig an der Zufriedenheit Ihres Partners.

Struktur der Preisverhandlung

Die Preisverhandlungen mit Ihrem grünen Kunden werden nicht allzu lange brauchen, wenn Ihre Vertrauensbasis stimmt. Sie wird folgendermaßen ablaufen:

1. Sie gewinnen sein Vertrauen.
2. Sie sichern die Entscheidung für den Kauf ab; eventuell beziehen Sie dritte Personen mit ein und überzeugen diese.

3. Sie nennen einen Komplettpreis (siehe unten) und versuchen einen Abschluss herbeizuführen.
4. Wenn der Kunde nicht darauf eingeht: Sie bieten zusätzliche Serviceleistungen an; im Gegenzug muss der Kunde seinerseits Zugeständnisse machen.
5. Falls er sich immer noch nicht entscheidet: Nachlass geben – wenn der Kunde dann kauft.
6. Abschluss.

Gut geeignet für grüne Kunden: Paketpreise

Ausgeprägte Individualisten wie der rote und der blaue Kunde wollen sich Ihre Leistung und auch Ihren Preis selbst zusammenstellen. Der grüne dagegen liebt eher die Bequemlichkeit. Deshalb sind Paketpreise für ihn sehr geeignet. Dabei erhält er ein Komplettangebot, in dem alles enthalten ist, was üblicherweise verkauft wird, und damit bewährt ist – was für den grünen Kunden den Reiz ausmacht. Er verzichtet gerne auf Extras, wenn er dafür gute Standardware bekommt.

Paketpreise sind in der Regel etwas höher als Einzelpreise. Es besteht auch nicht die Möglichkeit, auf Teile zu verzichten oder zu feilschen. Dafür ist der Kauf für den Kunden bequemer und einfacher, da er sich nicht mit den ganzen Einzelheiten befassen muss.

Wichtig ist hier vor allem, den Wert und den Nutzen des Gesamtpakets zu vermitteln. Es darf nicht dazu kommen, dass der Paketpreis Ihres Angebots mit dem „Nackt-Preis" der Konkurrenz verglichen wird:

„Bei Ihnen kostet der Computer 1 900 EUR. Beim Konkurrenten XYZ ist er aber schon für 1 200 EUR zu haben."

„Herr Kunde, Sie wollen doch nicht Äpfel mit Birnen vergleichen. Bei uns haben Sie dafür die Programme A, B und C bereits geladen. Die kosten alleine 300 EUR. Außerdem ist ein Bildschirm dabei, der nicht unter 400 EUR zu haben ist. Da sind Sie schon bei der Differenz. Der Clou aber ist: Unser Angebot versteht sich mit Montage an Ihrem Arbeitsplatz und einer Garantie von drei Jahren."

Der Kunde muss nachvollziehen können, warum das Komplettangebot nicht nur wesentlich praktischer für ihn ist, sondern unter Umständen auch günstiger, als wenn er die Einzelpreise addiert.

Praxis-Tipp:

Strahlen Sie Zuversicht aus

Der grüne Kunde ist eher unsicher. Lassen Sie sich davon nicht anstecken. Strahlen Sie Zuversicht und Optimismus aus, aber übertreiben Sie dabei nicht, denn das würde Ihnen der grüne Kunde nicht abnehmen – aber die ruhige Gewissheit, dass Sie beide zu einer Einigung kommen werden, die wird sich auf Ihren Kunden übertragen.

Äußern Sie Verständnis

Reagieren Sie keinesfalls entrüstet, überrascht oder ablehnend, wenn der grüne Kunde Einwände gegen Ihren Preis äußert. Zweifel gehören nun mal zu seiner Natur. Sie können ihn nur auf sanfte Art überzeugen. Wenn Sie seine Bedenken abwerten, kann es sein, dass er trotzig reagiert und sich auf seine Position versteift. Äußern Sie Verständnis für seine Bedenken: „Ich verstehe, dass Sie sich eine solche Anschaffung gut überlegen wollen. Selbstverständlich ist das Produkt nicht billig. Das darf es auch gar nicht sein, denn ..."

Haben Sie Verständnis für seine Position, so ist der grüne Kunde auch bereit, Verständnis für Ihre Position zu äußern. Geben Sie ihm viel Anerkennung, lassen Sie ihm Zeit und erläutern Sie ihm geduldig, warum es besser ist, einmal mehr als immer wieder kleinere Summen für Reparaturen, Ersatzteile etc. auszugeben.

Stellen Sie Ihre Verlässlichkeit auf lange Sicht heraus

Die Verlässlichkeit Ihrer Firma auf lange Sicht ist für den grünen Kunden ein Argument, höhere Preise zu akzeptieren. Stellen Sie heraus, dass Ihr Unternehmen auf sicheren Füßen steht und in Zukunft eine zuverlässige Betreuung in Aussicht steht. „Auch in zehn Jahren werden Sie noch Ersatz für abgenutzte Teile an dieser Maschine erhalten. Wir kalkulieren vernünftig und können Ihnen garantieren, dass es uns auch in zwanzig Jahren noch geben wird."

Zwischen den Zeilen sagen Sie damit auch: Bei Ihren Wettbewerbern, die billigere Angebote machen, ist dies nicht unbedingt der Fall.

Stellen Sie die „Vertrauensfrage"

Ist dem grünen Kunden Ihr Produkt zu teuer, dann machen Sie sich zunutze, dass es für ihn einen hohen Stellenwert hat, dem reibungslosen Funktionieren Ihres Produkts vertrauen zu können. Spielen Sie auf die Erfahrung an, die Ihr Unternehmen hat, und auf den guten Ruf, den es genießt: „Frau Kundin, bei Reisen in exotische Länder ist entscheidend, dass Sie den Leistungen und den Betreuern vor Ort vertrauen können. Wir suchen unsere Partner sorgfältig aus. Wir genießen den Ruf, einen einwandfreien Service anzubieten. Gerade das spielt doch bei einer einmaligen Reise wie dieser eine große Rolle. Sie können uns vertrauen und Ihren Urlaub ohne Einschränkungen genießen."

Wenn die Kundin jetzt ablehnt, sagt sie damit auch, dass sie Ihrem Unternehmen nicht vertraut. Das ist einem grünen Kunden unangenehm. Außerdem können Sie sich auf diese Weise geschickt von Ihren Wettbewerbern abheben, ohne direkt auf diese einzugehen. Denn in Ihren Worten schwingt mit, dass es bei anderen Unternehmen durchaus zu Problemen mit den Kooperationspartnern kommt und deshalb Vorsicht vor deren billigeren Angeboten angebracht ist.

„Ersitzen" Sie die Entscheidung

Manchmal hilft es im Preisgespräch mit einem grünen Kunden, wenn Sie ganz einfach über ausreichend Sitzfleisch, sprich Geduld, verfügen. Wenn der grüne Kunde sich nicht entscheiden kann, Ihrem Angebot zuzustimmen, dann bedrängen Sie ihn nicht. Gehen Sie aber auch nicht darauf ein, wenn er Bedenkzeit und einen weiteren Termin erbittet. Plaudern Sie einfach ein bisschen unverbindlich über andere Themen. Nehmen Sie den Auftrag, auf dem noch seine Unterschrift fehlt, legen Sie einen Kugelschreiber auf das Blatt und schieben Sie es unaufdringlich und ohne Kommentar in seine Richtung. Bleiben Sie sitzen. Lassen Sie ihm Zeit. Manchmal hilft auch, ganz einfach zu schweigen.

Der grüne Kunde spürt: Er wird Sie nur dann los, wenn er entweder eindeutig Nein sagt oder sich für das Geschäft entscheidet. Wenn er tatsächlich unterschrieben hat, dann packen Sie nicht umgehend Ihre Sachen und gehen. Lassen Sie es noch kurz liegen, plauschen Sie noch ein wenig und nehmen Sie dann den Auftrag ohne großes Aufheben, aber mit anerkennenden Worten für den Kunden entgegen.

Stellen Sie die Nachteile für Ihren grünen Kunden bei Nichtkauf heraus

Üblich ist natürlich, dem Kunden die Vorteile des Kaufs vor Augen zu führen. Wenn der grüne Kunde aber immer noch nicht recht überzeugt ist und den Preis trotz der Vorteile für überhöht hält, können Sie auch die umgekehrte Strategie anwenden: Sie stellen ihm die Nachteile dar, die er hätte, wenn er Ihr Produkt nicht kaufen würde.

Der grüne Kunde ist nicht risikobereit und fürchtet genau diese Nachteile: „Herr Kunde, selbstverständlich können Sie diesen Koffer nehmen, der deutlich billiger ist. Aber sehen Sie ihn sich bitte einmal genau an. Statt einer durchgehenden Scharnierleiste verfügt er nur über zwei kleine Scharniere. Wenn Sie ihn im Flugzeug mitnehmen, wo er nicht gerade mit Samthandschuhen angefasst wird, riskieren Sie, dass er beim dritten Mal mit kaputten Scharnieren auf dem Förderband bei der Gepäckabholung liegt. Und dann haben Sie den teuersten Koffer überhaupt gekauft. Für dreimalige Nutzung haben Sie 150 EUR bezahlt."

Selbst wenn der Kunde dann einwendet: „Naja, ganz so schlimm wird es nicht sein", möchte er die negativen Konsequenzen auf jeden Fall vermeiden.

Praxis-Tipp:

Erwähnen Sie Nachteile nicht generell

Nur wenn der grüne Kunde sehr zögerlich ist, sollten Sie diese Strategie anwenden. Ansonsten ist es natürlich immer vorteilhafter, wenn Sie die Zukunft positiv darstellen und Ihre Argumentation auf die Vorteile des Produkts abstellen.

Geeignete Rabatte

Rabatte und Nachlässe sind beim grünen Kunden nur ein letztes Mittel, wenn er sich gar nicht zum Kauf entscheiden kann.

- *Mengenrabatt:* In Wirklichkeit ist der Mengenrabatt gar kein Rabatt. Wenn der Kunde eine größere Menge bestellt, erhalten Sie Kostenvorteile, die Sie über den Mengenrabatt an ihn zurückgeben. Insofern ist er ein Zeichen für Fairness – und das kommt beim grünen Kunden an.
- *Abholer-Rabatt:* Wenn der Kunde die Ware selbst abholt, bekommt er Rabatt. Hier sparen Sie Verpackungs- und Transportkosten und geben das an den Kunden weiter. Dem grünen Kunden macht es oft nichts aus, sich die Ware selbst abzuholen.
- *Treuerabatt:* Bestellt der Kunde seit zehn Jahren (oder anderen runden Zeiträumen) bei Ihnen, so können Sie ihm einen Treuerabatt einräumen. Das kommt beim grünen Kunden gut an. Allerdings Vorsicht, setzen Sie dieses Mittel nur selten ein: Erstens ist der grüne Kunde sowieso treu. Zum anderen könnte bei häufigem Gebrauch der Eindruck entstehen, dass Ihre Preise im Grunde zu hoch sind.

3. Fehler, die Sie vermeiden können

Die größten Fehler beim grünen Kunden sind die, mit denen Sie sein Vertrauen in Sie oder Ihr Unternehmen aufs Spiel setzen, wenn Sie ihn also in seiner Unsicherheit bestärken, ihn nicht ernst nehmen oder ihn zu sehr bedrängen. Versuchen Sie, folgendes Verhalten zu vermeiden:

Sie überhäufen Ihren Kunden mit Informationen

Grüne Kunden fühlen sich genötigt, wenn Sie permanent auf sie einreden, um sie von den Vorteilen Ihres Produkts und der Angemessenheit Ihres Preises zu überzeugen. Dann fühlen sie sich manipuliert und denken, dass Sie ihnen unbedingt etwas einreden wollen, gehen auf Distanz und sind für Ihre Argumente nicht mehr offen.

Reden Sie deshalb langsam, lassen Sie dem grünen Kunden Zeit, Ihre Informationen zu verarbeiten. Bedrängen Sie ihn nicht mit Ihren Informationen, sondern bieten Sie sie ihm portionsweise und geduldig an.

Ihre Informationen sind zu abstrakt

Sind Ihre Informationen zu abstrakt, so kann der grüne Kunde sie nicht gut behalten. Er muss sich vorstellen können, was die Fakten in Bezug auf sein Umfeld bedeuten. Argumentieren Sie also so praxisnah wie möglich, geben Sie Beispiele. Lassen Sie den Kunden „begreifen", warum Ihr Produkt den Preis wert ist, indem er sich eine Vorstellung von seinen Vorteilen macht.

4. Preisdrücker-Taktiken grüner Kunden

Der Entscheider im Hintergrund

„Nennen Sie Ihren äußersten Preis, Sie bekommen Bescheid!" Der Kunde gibt Ihnen eine „letzte" Chance und spielt auf den Entscheider im Hintergrund an. Sie können diesen nicht selbst beeinflussen. Doch die Botschaft lautet: „Für diesen zählt nur der Preis. Gehen Sie lieber noch etwas runter, wenn Sie wollen, dass er zustimmt."

Ebenso sind Argumente zu werten wie: „Das Ergebnis muss noch von Herrn XY oder dem Gremium ABC abgesegnet werden." Motto: Wenn Sie wollen, dass Ihr Angebot angenommen wird, dann senken Sie den Preis lieber noch etwas.

Vielleicht stimmt es ja – der grüne Kunde befürchtet, dass man mit seinem Abschluss nicht zufrieden sein könnte, und gibt diese Sorge auf diese Weise an Sie weiter.

Praxis-Tipp:

Ihre Reaktion auf Entscheider im Hintergrund

Lassen Sie sich nicht beeindrucken. Bieten Sie Ihrem Kunden an, selbst das Preisgespräch mit dem Entscheider zu führen, oder unterstützen Sie ihn dabei, Ihren Preis vor dem Entscheider angemessen vertreten zu können. Sie müssen absolut überzeugt von Ihrem Preis wirken, damit sich dieses Gefühl auf den grünen Kunden überträgt.

Erforderliches Gespräch mit Abwesenden

Ähnlich ist die Strategie, die endgültige Entscheidung noch hinauszuschieben. Ehe der grüne Kunde zustimmt, will er sich absichern, ob sein Umfeld die Entscheidung mitträgt:

Kunde: „Ich muss noch mit (meinem Chef, meiner Frau, meinem Steuerberater etc.) darüber sprechen."

Ihre Antwort: „Herr Kunde, dafür habe ich Verständnis. Eine Frage: Wenn Sie nun alleine entscheiden wollten, Sie würden sich für unser Angebot entscheiden?"

Kunde: „Ja, das würde ich schon."

Sie: „Das bedeutet, dass Sie sich bei Ihrem (...) für unsere Lösung stark machen werden?

Kunde: „Ja."

Sie: „Das freut mich, dann haben wir ja ein gemeinsames Ziel. Lassen Sie es uns doch auch gemeinsam anstreben. Was wäre wohl ein geeigneter gemeinsamer Termin?"

Auch mit dieser Antwort bieten Sie Ihrem grünen Kunden ein Preisgespräch mit dem Entscheider an – in diesem Fall ein Gespräch zu dritt.

Zweifel an der Redlichkeit Ihres Preises

Der Kunde versucht, Sie moralisch in die Zange zu nehmen. So ein Preis kann doch nicht „ehrlich" kalkuliert sein. Er benutzt Ausdrücke wie „unseriös", „unredlich", „überhöht", „auf schnelle Gewinne abgestellt", „Zumutung", „aus der Luft gegriffen" etc. Sie kommen unter Druck, sich für Ihre Preise rechtfertigen zu müssen.

Praxis-Tipp:

Ihre Reaktion auf Zweifel an der Redlichkeit des Preises

Reagieren Sie nicht empört auf solche Behauptungen. Nehmen Sie sie auf keinen Fall persönlich. Am besten Sie überhören die beleidigende Komponente in den Aussagen vollkommen. Gehen Sie sachlich darauf ein und stellen Sie dar, warum Ihre Preise angemessen sind – verteidigen Sie sich nicht dafür.

Oft hilft auch Folgendes:

Halten Sie im Gespräch inne. Schauen Sie den Kunden zweifelnd an. Schweigen Sie dabei.

So signalisieren Sie ihm, dass er zu weit geht. Sie merken selbst, ob der Kunde taktiert oder tatsächlich von seinen Behauptungen überzeugt ist. Vor allem in letzterem Fall müssen Sie seine Behauptungen sachlich widerlegen, ohne dass er das Gesicht verliert.

Keine Verhandlungsbereitschaft

Es kann passieren, dass der grüne Kunde ganz blockiert. Ehe er in der Verhandlung den Kürzeren zieht, versucht er, die Vertragsbedingungen als nicht verhandelbar zu erklären. Die seien eben so, wie es seine Firma vorgibt. Sie müssen dann wohl oder übel zustimmen, sonst stellt der Kunde auf stur, oder er tut so, als habe er nicht die Befugnis, über den Preis zu verhandeln.

Wie erkennen Sie, ob „zu teuer" nur ein Vorwand ist?

- Welche Motive/Zielsetzungen könnte der Kunde haben?
- Muss er sich profilieren?
- Hat er woanders verloren oder schlecht verhandelt, so dass er den Schaden bei Ihnen kompensieren muss?
- Wird er (von Ihnen) zu wenig anerkannt?
- Muss er sich „rächen" (zum Beispiel für schlecht bearbeitete Reklamationen)?
- Braucht er Sie, um andere Anbieter zu drücken?
- Hegt er Antipathie gegen Sie/Ihr Unternehmen? Wenn ja, aus welchen Gründen?
- Ist er überhaupt kompetent? Ist er der Entscheider?
- Zwingt ihn jemand, ist er nur Erfüllungsgehilfe des echten Entscheiders im Hintergrund?
- Braucht er das Produkt überhaupt?
- Hat er Sorgen oder Ängste? Wenn ja, welcher Art?

Schlagfertig reagieren auf Nachlassforderungen oder „zu teuer"-Einwände
▪ „Die Sicherheit eines XY ist nicht billig, was Sie aber dadurch gewinnen, ist unbezahlbar, nämlich …"   ▪ „Ich spreche gerne über Preise, denn es ist leichter, einmal die Gründe für unsere Preise zu erklären, als immer wieder Reklamationen entgegennehmen zu müssen!"   ▪ „Auch wir könnten dieses Produkt billiger herstellen, doch dann müssten wir gerade da sparen, wo es für Sie nachteilig wird, zum Beispiel …

5. Exkurs: Preisanpassungen

Preisanpassungen sind kein leichtes Thema, egal bei welchem Farbtypen. Niemand erfährt gerne, dass das alte Produkt jetzt mehr kostet. Aber das Thema werden Sie mit dem grünen Typen am häufigsten verhandeln müssen, denn er bezieht Ihre Produkte am längsten von allen Ihren Kunden. Wo der rote und der gelbe längst innovativere Produkte eingeführt haben und der blaue seine ganz spezielle Lösung optimiert, da kauft der grüne Kunde Ihnen immer noch das gleiche Modell für den gleichen Preis ab. Jedenfalls möchte er das. Weshalb sollte er mehr zahlen für gleich gebliebene Qualität?

Außerdem steht er Veränderungen generell skeptisch gegenüber: Sie müssen ihm also glaubhaft machen, dass die Preiserhöhung einen realen Hintergrund hat.

Im Folgenden finden Sie Tipps, um Preisanpassungen glatt über die Bühne zu bringen:

- Vermeiden Sie das Wort „Erhöhung". Sprechen Sie stattdessen von „Anpassung" oder den „neuen Preisen". Das legt nahe, dass die Preise nicht einfach heraufgesetzt wurden, sondern auf Grund anderer Kostenstrukturen neu definiert wurden.
- Keine „generellen" Zuschläge: Wenn etwas teurer wird, müssen Sie begründen, was genau teurer wurde und warum: Zum Beispiel die Wartung, weil der Lohn der Techniker gestiegen ist.
- Einzelne Preissenkungen glätten Preiserhöhungen: Gleichen Sie aus, setzen Sie einzelne Posten herab. So erhöhen Sie die Glaubwürdigkeit, dass Sie ehrliche Preise machen. Im Kopf des Kunden bleibt nicht allein die Erhöhung hängen, sondern der Eindruck, dass Sie ein fairer Geschäftspartner sind.
- Kündigen Sie Preiserhöhungen frühzeitig an. Bis der Kunde dann tatsächlich die neuen Preise bezahlt, hat er sie schon verinnerlicht.
- Kleiden Sie die Preisanpassung in eine gute Botschaft: „Entgegen dem allgemeinen Trend passen wir unsere Preise nur um 3,5% an." Oder: „Sie können noch bis zum Ende des Jahres zu den alten Preisen bestellen." Damit bieten Sie ihm noch einen kleinen Aufschub.
- Erhöhen Sie indirekt die Preise: Vermindern Sie die Menge, statt den Preis zu erhöhen. Das müssen Sie Ihrem Kunden natürlich auch mitteilen. Aber unterm Strich sieht er doch weniger die geringere Menge als vielmehr den gleichen Preis wie im Vorjahr.
- Gehen Sie zum Nettopreis über: Das Angebot erscheint zunächst nicht teurer als bisher. Die Mehrwertsteuern werden erst am Ende hinzugerechnet. Da hat sich der Kunde schon

entschieden und wird diese Entscheidung kaum noch zurücknehmen.

- Fördern Sie die Zusammenarbeit: Eine professionelle Preisanpassung ist nicht die Flucht in ein „Retten, was zu retten ist", sondern der Versuch, die Zusammenarbeit mit dem Kunden auszubauen: Zusatz-Umsätze bringen den Kunden in eine höhere Bonus-Gruppe (zum Beispiel 1,5% mehr Bonus auf den Gesamtumsatz), wodurch er die Preisanpassung von 3,5% schon auf 2% drücken kann.
- Segeln Sie im Schatten des Wettbewerbs: Alle mussten die Preise erhöhen, leider waren Sie gezwungen, ebenfalls nachzuziehen.
- Lassen Sie den ersten Ärger verrauchen: Der Kunde wird sich nicht freuen, wenn er erfährt, dass er höhere Preise bezahlen muss. Nehmen Sie das einfach hin, versuchen Sie nicht, ihm das auszureden – der Ärger vergeht nach einer Weile.
- Nutzen Sie objektive Drittinformationen, zum Beispiel über Preisveränderungen der Rohstofflieferanten, über gestiegene Personal- und Energiekosten oder die Preispolitik Ihrer Wettbewerber.
- Kleiden Sie Preisaufschläge in Tauschgeschäfte, Beispiel: bei anschließendem Mehrumsatz gibt es einen höheren Bonus.
- Nutzen Sie die Sünden der Kunden, zum Beispiel seine Preiserhöhungen.

Praxis-Tipp:

Bereiten Sie Ihre Verkäufer auf Preiserhöhungen vor

Lassen Sie Ihre Verkäufer nicht alleine mit Preiserhöhungen. Je besser Sie vom Unternehmen über Gründe und Details der Preiserhöhung informiert werden, desto besser können Sie sie auch nach außen dem Kunden gegenüber vertreten!

Übung: Vorbereitung auf die nächste Preisanpassung

- Welchen zusätzlichen Service bieten Sie?

  ....

- Welche Erweiterung der Kundenbeziehung streben Sie an?

  ....

- Welche Veränderungen in den Gesamtkonditionen sind sinnvoll?

  ....

- Welche Maßnahmen zur Kundenbindung leiten Sie ein?

  ....

Detailliert und unbeirrt – Preisgespräche mit blauen Kunden

8

1. Was muss vor dem Preisgespräch gelaufen sein?

Der blaue Kunde gibt sich nicht mit halben Sachen zufrieden. Er will Perfektion – oder ihr zumindest so nahe wie möglich kommen. Er sammelt Unmengen an Fakten, Daten und Informationen, ehe er eine Entscheidung trifft. Wenn Sie mit einem blauen Kunden zurechtkommen wollen, müssen Sie

- *kompetent sein:* Sie müssen seine Fragen beantworten können oder zumindest wissen, wo Sie die Informationen recherchieren können;
- *sich Zeit nehmen:* Mit einem blauen Kunden machen Sie keine schnellen Geschäfte. Sie brauchen Zeit und Geduld für einen Abschluss;
- *strukturiert sein:* Unordnung und Sprunghaftigkeit sind dem blauen Kunden ein Gräuel; sowie
- *Distanz wahren:* Der blaue Kunde möchte keine engere Beziehung zu Ihnen, persönliche Fragen beantwortet er nicht.

Vorbereitung

Exzellente Vorbereitung beim blauen Kunden bedeuten 90% des Erfolgs! Er ist der Kunde, der Sie am meisten mit Detailfragen löchern wird. Wenn Sie also wissen, dass Sie ein Gespräch mit einem blauen Kunden führen werden, dann nehmen Sie sich ausreichend Zeit zur Vorbereitung. Es wird sich im wahrsten Sinne des Wortes auszahlen.

Das können Sie vorbereiten:

- *Produkt/Unternehmen/Verkäufer:* alle Produktinformationen sowie Wissenswertes über Ihr Unternehmen und Sie selbst.

- *Kunde:* Bringen Sie möglichst viel über Ihren Kunden und sein Unternehmen in Erfahrung und bereiten Sie dazu passende Informationen vor.
- *Umfeld:* Seien Sie informiert über den Markt, die Wettbewerber und das Umfeld Ihres Produkts. Auch an Referenzen ist der blaue Kunde interessiert.

Inhaltlich sollten Sie sich in folgenden Bereichen vorbereiten:

- Legen Sie sich keinen Termin zu knapp hinter einen Besuch beim blauen Kunden. Wenn Sie wegen eines anderen Termins „vorzeitig" aufbrechen müssen, kann Ihnen das der blaue Kunde verübeln.
- Schicken Sie dem blauen Kunden vorab Material und Unterlagen zu. Rechnen Sie damit, dass er Sie genau studiert hat, Sie müssen also selbst auch wissen, was darin steht.
- Bereiten Sie sich inhaltlich genauestens vor. Lassen Sie sich von Experten Ihres Unternehmens fit machen.
- Strukturieren Sie Ihr Vorgehen, so dass es logisch und nachvollziehbar aufgebaut ist.
- Bringen Sie zusätzliches schriftliches Material mit: Testberichte, Statistiken, Fachartikel.

Begrüßung

Die Begrüßung wird sehr formell ausfallen. Der blaue Kunde ist sehr distanziert. Er gibt nichts auf den äußeren Eindruck. Seine Meinung über Sie bildet er sich im Verlauf des Gesprächs. Sie wird davon abhängen, wie viel Sie wissen und wie Sie Ihr Wissen vortragen.

Mit Vorreden brauchen Sie sich nicht aufhalten, der blaue Kunde wird umgehend zur Sache kommen. Wichtig ist, wie beim roten

Kunden auch, dass Sie bereits bei der Vorstellung auf Ihre Kompetenz hinweisen: Nennen Sie Ihre Titel und Qualifikationen, Ihre Erfahrung und Ihre Spezialisierungen. Das kommt beim blauen Kunden an.

Bedarfsanalyse und Präsentation

Zu Beginn des Gesprächs ist es empfehlenswert, dass Sie den entsprechenden Rahmen abstecken: Legen Sie die Punkte fest, über die gesprochen werden soll. Versichern Sie dem blauen Kunden, dass Sie ausreichend Zeit haben bzw. sagen Sie ihm schon jetzt, wenn Sie nach zwei Stunden gehen müssen. Dann kann er sich darauf einstellen. Überraschungen und plötzliche Veränderungen mag er nicht.

Der blaue Kunde weiß sehr genau, was er braucht. Er kennt seine Probleme, für die er eine Lösung sucht. In der Bedarfsklärung müssen Sie also einfach nur sehr genau zuhören, sich Notizen machen und nach Details fragen, die Ihnen nicht klar sind. Der blaue Kunde ist immer an einer speziellen, individuellen Lösung interessiert. Versuchen Sie nicht, ihm Standardlösungen zu verkaufen, denen misstraut er.

Wenn Sie seinen Bedarf kennen, dann gehen Sie in der Präsentation darauf ein. Unter Umständen kann diese an einem zweiten Termin stattfinden, wenn es erforderlich ist, sich speziell vorzubereiten. Beim blauen Kunden dürfen Sie so richtig ins Detail gehen. Ihn interessiert jede Kleinigkeit. Rechnen Sie damit, dass er sich gut auskennt und gezielt nachfragen wird. Beziehen Sie ihn ganz bewusst immer wieder ein. Damit merken Sie zum einen, ob Sie noch an seiner Lösung arbeiten. Zum anderen machen Sie das Produkt zu seinem „Baby": Je mehr es seinen Vorstellungen entspricht, desto besser kann er sich damit identifizieren und wird dann auch einen hohen Preis akzeptieren.

Bei sehr komplexen Lösungen brauchen Sie unter Umständen länger, um etwas Geeignetes auszuarbeiten. Vielleicht ziehen Sie Experten in Ihrer Firma hinzu – das kommt beim blauen Kunden auf jeden Fall sehr gut an.

Bieten Sie dem blauen Kunden nur bewährte Produkte, deren Qualität erstklassig ist. Auch ein ergänzendes umfangreiches Sortiment und spezieller Service sind für ihn Qualitätskriterien.

Sprechen Sie langsam, gehen Sie nicht zu schnell voran. Holen Sie sich die Bestätigung von ihm, dass er alle Fragen zum jeweiligen Thema stellen konnte. Unterfüttern Sie Ihre Präsentation mit aussagekräftigem Material. Der blaue Kunde wird sich bereits im Vorfeld selbst informiert haben und so manchen Fachbericht, den Sie ihm mitbringen, bereits kennen. Aber wenn dennoch das eine oder andere Neue dabei ist, interessiert es ihn auf jeden Fall. Geben Sie ihm die Unterlagen aber möglichst erst nach Ihrer Präsentation, damit er nicht davon abgelenkt ist. Eigentlich ist er nämlich ein Mensch, der sein Wissen lieber nachliest, als es von anderen vermittelt zu bekommen. Demonstrationen verfolgt er gerne, aber auch mit einer gewissen Skepsis, da ja im „echten" Einsatz alles ganz anders sein kann.

Was motiviert den blauen Kunden zum Kauf?

- Produkte, die für ihre einzigartige Qualität bekannt sind.
- Lösungen, die ausgeklügelt und individuell für ihn maßgeschneidert sind.
- Alles, was sein Leben ordnet, strukturiert und überschaubar macht.
- Wenn er durch das Produkt oder die Leistung die Welt besser verstehen kann.
- Wenn das Produkt eine intellektuelle Herausforderung darstellt oder er dadurch sein Wissen erweitern kann.

- Alles, was Sicherheit verspricht.
- Umfassende und detaillierte Information und Beratung sowie eine eindeutige Faktenlage zugunsten seiner Entscheidung.
- Die Gewissheit, tatsächlich das beste Produkt auf dem Markt zu kaufen, nachdem er sich einen Überblick über die Konkurrenzangebote verschafft hat.

Einwände

Einwände hat ein blauer Kunde jede Menge. Schon während Ihrer Präsentation wird er immer wieder kritische Zwischenfragen stellen. Diese Einwände dienen aber nicht dazu, Sie einzuschüchtern. Seine Zweifel sind echt und müssen von Ihnen unbedingt ausgeräumt werden.

Der blaue Kunde wird auf Sie sehr misstrauisch und skeptisch wirken. Das hat aber mit Ihnen persönlich nur dann was zu tun, wenn Sie sich inhaltlich nicht auskennen. Aber selbst wenn Sie Experte sind, wird er sich zurückhaltend zeigen. Wirklich begeistert werden Sie ihn selten erleben. Er zeigt seine Emotionen nicht. Tief in seinem Inneren hat er allerdings Angst, dass etwas schief geht. Er will möglichst jedes Risiko ausschalten und vor dem Kauf absolut sicher sein, dass alles so funktioniert, wie er möchte. Diese Angst verursacht sein Misstrauen.

Testen Sie die Abschlusswilligkeit Ihres blauen Kunden

Es dauert lange, bis der blaue Kunde abschlusswillig ist. Er ist ein Zauderer und es fällt ihm generell schwer, Entscheidungen zu treffen. Prüfen Sie seine Abschlusswilligkeit mit Detailfragen zur Belieferung. Mit Ihren Fragen können Sie ihn nach und nach in Richtung Abschluss führen:

- *Kunde:* „Wann können Sie liefern?"

  Sie, stagnierend: „Unsere Lieferzeit beträgt derzeit drei Wochen."

  Sie, weiterführend: „Wann möchten Sie es haben?"

- *Kunde:* „Liefern Sie auch nach München?"

  Sie, stagnierend: „Ja, selbstverständlich."

  Sie, weiterführend: „Ja, das machen wir gern, wie lautet denn Ihre Adresse?"

Unter Stress – damit müssen Sie beim blauen Kunden rechnen

Vor allem Zeitnot und Entscheidungsdruck bringen den blauen Kunden unter Stress:

- Er fühlt sich nicht ausreichend informiert.
- Andere üben zeitlichen Druck auf ihn aus.
- Andere reden zu schnell und zu unstrukturiert.
- Er hat nicht genügend Zeit zum Nachdenken.
- Andere erwarten Gefühlsäußerungen von ihm und treten ihm persönlich zu nahe.
- Eine Situation verändert sich plötzlich und erfordert eine schnelle Reaktion.
- Andere halten sich nicht an Abmachungen.
- Er wird für seine Arbeit kritisiert.

Unter Stress neigt der blaue Kunde zu folgenden Verhaltensweisen:

- Er zeigt keinerlei Gefühlsregungen mehr.
- Er stellt sinnlose, nicht mehr zielführende Fragen, die sein Problem nicht lösen.
- Er wird starrsinnig, lässt sich auf keine Diskussionen mehr ein, trägt dazu bei, dass die Fronten sich verhärten.
- Er sucht nicht mehr nach kreativen Lösungen, verfährt nach dem Prinzip „alles oder nichts".
- Er versteift sich auf Nebensächlichkeiten, die plötzlich im Mittelpunkt der Diskussion stehen.
- Er versucht mit Täuschungsmanövern den anderen zu überlisten, um doch noch seine Position durchzusetzen.

Wie reagieren Sie, wenn Ihr blauer Kunde unter Stress gerät?

Bedrängen Sie den blauen Kunden nicht. Geben Sie ihm Zeit, seine Gedanken wieder zu ordnen. Bemühen Sie sich, Ruhe und Zuversicht auszustrahlen. Versuchen Sie herauszufinden, wo die Ursache des Problems liegt. Seien Sie vor allem nicht beleidigt, wenn der blaue Kunde vor lauter Frostigkeit unhöflich wird. Bleiben Sie selbst höflich und distanziert.

Versuchen Sie Ordnung ins Chaos zu bringen und die bisherigen Ergebnisse zusammenzufassen. Stellen Sie sicher, auf was Sie sich bisher geeinigt haben, damit diese Ergebnisse nicht auch noch in Frage gestellt werden.

Machen Sie eine Pause, geben Sie dem blauen Kunden Bedenkzeit. Helfen Sie ihm, Fakten und Informationen zu finden, die ihm wieder Sicherheit geben.

2. Strategien für das Preisgespräch

Der blaue Kunde ist der zäheste Preisverhandler von allen. Er hat nicht nur die Geduld, jedes Detail in Frage zu stellen, sondern ist auch genauestens über die Preise auf dem Markt informiert.

Da er kein Gefühlsmensch ist, lässt er sich nicht zu einem Kauf hinreißen. Er will so viel wie möglich erhalten und so wenig wie möglich dafür bezahlen. Typisch für das Preisgespräch mit einem blauen Kunden ist:

- Das Gespräch ist ein zähes Ringen, bei dem Sie nur in kleinen Schritten vorankommen.
- Er will über jeden kleinen Posten Auskunft erhalten.
- Er wird die Qualität in Frage stellen, um den Preis zu mindern.
- Er will die Wahl zwischen verschiedenen Alternativen haben und einen individuellen Preis aushandeln.
- Es ist ihm mehr daran gelegen, dass Sie den Preis senken, als dass er einen Mehrwert erhält.
- Sie müssen ihm immer wieder klar machen, dass ein Preisnachlass keine einseitige Sache ist, sondern auch von ihm Zugeständnisse erfordert.

Empfehlungen für gute Preisverhandlungen mit blauen Kunden

- Bereiten Sie sich so gründlich wie möglich vor.
- Führen Sie die Preisverhandlungen strukturiert.
- Machen Sie kleine Zugeständnisse.
- Hören Sie gut zu.

Fortsetzung: Empfehlungen für gute Preisverhandlungen mit blauen Kunden

- Sachlichkeit hat Priorität.
- Bewegen Sie ihn zu Stellungnahmen.
- Bestätigen Sie die Ergebnisse der Preisverhandlungen schnellstmöglich.

Struktur der Preisverhandlung

Das Preisgespräch mit dem blauen Kunden dauert am längsten. Folgende Phasen werden Sie dabei wahrscheinlich durchlaufen:

1. Sie testen seine Abschlusswilligkeit und machen ihm verschiedene Angebote.
2. Da er Einwände machen wird, sichern Sie die Kaufentscheidung ab: „Sind wir uns einig, bis auf den Preis?" Versuchen Sie zu verhindern, dass Ihr Produkt oder Ihre Leistung in Frage gestellt wird.
3. Er wird Ihr Angebot mit Preisen des Wettbewerbs vergleichen. Machen Sie ihm bewusst, dass Qualität einen höheren Preis hat. Lassen Sie sich nicht verunsichern und stehen Sie zu Ihren höheren Preisen (siehe Kapitel 4: Keine Angst vor hohen Preisen).
4. Fordern Sie ihn auf, selbst auch Zugeständnisse zu machen: „Ich komme Ihnen gerne entgegen, wenn Sie mich dabei unterstützen. Wenn Sie sich für das Angebot A entscheiden, können wir zusichern, es bis zum 1. Januar zu liefern." Machen Sie hier noch keine Angebote, den Preis zu reduzieren.
5. Bei Widerstand des Kunden: Appellieren Sie an ihn, an einer Einigung mitzuarbeiten: „Können Sie mir woanders entgegenkommen?" Falls er einen konstruktiven Vorschlag

macht, gehen Sie darauf ein und versuchen Sie das Geschäft abzuschließen.

6. Ist sein Vorschlag noch nicht befriedigend: Schränken Sie Ihr Angebot ein klein wenig ein. Vielleicht übernimmt der Kunde selbst die Abholung oder die Montage oder ist mit weniger Garantie zufrieden.

   Hier ist allerdings Vorsicht geboten: Das Produkt selbst darf nicht in Frage gestellt werden, sonst müssen Sie sich auf Diskussionen über die Qualität einlassen. Es geht mehr um Serviceleistungen, auf die der blaue Kunde nicht so großen Wert legt.

7. Erst jetzt lassen Sie sich vorsichtig auf seine Nachlassforderungen ein: „Nehmen wir an, ich wäre in der Lage, Ihnen volle 50 Cent pro Stück nachzulassen. Bekäme ich dann den Auftrag?" Geht der Kunde nicht darauf ein, können Sie das Angebot wieder zurückziehen.

8. Lassen Sie ihn wiederum eine Möglichkeit vorschlagen, wie eine Einigung erreicht werden kann: „Wo sehen Sie eine Chance für eine Einigung?"

9. Läuten Sie einen Scheinrückzug ein: Geben Sie sich resigniert, sortieren Sie Ihre Unterlagen. Beobachten Sie seine Reaktion. Nach einer Pause fragen Sie: „Sie verstehen sicherlich, dass das Geschäft sich für uns beide lohnen muss. Im Moment sehe ich nicht, wie wir das erreichen könnten. Wo sehen Sie eine Chance?"

   Den Scheinrückzug dürfen Sie aber nicht zu früh ansetzen: Sonst lässt Sie der blaue Kunde ziehen, weil er sich noch nicht entscheiden konnte.

10. Abschluss.

Praxis-Tipp:

Machen Sie Pausen zwischen den einzelnen Schritten

Gehen Sie langsam von einem Schritt zum anderen. Machen Sie Pausen, in denen Sie dem blauen Kunden Zeit geben, nachzudenken und nachzurechnen. Sie dürfen keine schnelle Entscheidung von ihm erwarten, sonst zieht er sich ganz zurück.

Erstellen Sie eine Wirtschaftlichkeitsberechnung

Der blaue Kunde wird aufmerksam, wenn er durch Ihr Produkt in Zukunft sparen kann. Kann er nachvollziehen, dass er durch eine Mehrausgabe heute in Zukunft an anderer Stelle einsparen kann, dann ist er eher dazu bereit.

Bereiten Sie also eine Berechnung vor, in der Sie ihm die Wirtschaftlichkeit Ihres Produkts – sofern sich das machen lässt – darstellen können, und zwar nicht allgemein, sondern ganz konkret anhand von Zahlen.

Beispiel:

Wenn ein Lkw bei 100 000 km pro Jahr Fahrleistung 4 Liter Diesel pro 100 km weniger benötigt, entspricht dies einem Kostenvorteil von 1 000 x 4 Liter à 1 EUR = 4 000 EUR pro Jahr.

Bei vierjähriger Nutzungs-(Abschreibungs-)Dauer gibt dies einen Wirtschaftlichkeitsvorteil von 16 000 EUR; also darf dieser Lkw niemals billiger als der der Konkurrenz verkauft werden. Sonst verlieren Sie an Glaubwürdigkeit.

Erkennen Sie Preiswiderstände Ihres Kunden

Der blaue Kunde hat sich vorher seine Gedanken gemacht und Informationen eingeholt. Wenn er Einwände gegen Ihren Preis vorbringt, kann es sein, dass diese gar nicht taktisch motiviert sind, sondern dass er dafür echte Gründe hat. Identifizieren Sie also die Motive für seine „zu teuer"-Einwände. Nur erkannte Widerstände sind gebannte Widerstände!

Erweitern Sie das Blickfeld Ihres Kunden

Unterstützen Sie Ihren Kunden dabei, sich nicht auf den Preis zu versteifen. Lenken Sie seinen Blick immer wieder vom Preis auf den Nutzen Ihres Produkts: „Herr Kunde, Sie sind hervorragend informiert und kennen sich viel zu gut aus, um den Preis nicht einordnen zu können. Sie sind ja daran interessiert, ein exzellentes Produkt zu erwerben, das Ihnen ein Maximum an Vorteilen bietet. Das sehe ich richtig?"

Damit werten Sie den Kunden auf und „erinnern" ihn an seine Kenntnisse des Markts und Ihres Produkts. Sie geben ihm auf freundliche Art zu bedenken, doch nicht nur auf den Preis zu schauen, sondern seinen Nutzen zu bedenken.

Der Kunde sieht im Preisgespräch meist nur was er im Augenblick bezahlen soll. Lenken Sie seinen Blick daher auch in die Zukunft: „Ob der Preis stimmt, entscheidet die Zukunft. Das merken Sie, wenn Sie unser Produkt jahrelang anwenden!

Bewahren Sie den Kunden vor vordergründiger Sparsamkeit

In eine ähnliche Richtung geht auch die folgende Argumentation: Machen Sie den blauen Kunden klar, dass Sparsamkeit heute bedeuten kann, in der Zukunft mehr zu bezahlen. Geld, weil ein billiges Produkt reparaturbedürftiger ist, der Service extra berechnet wird oder beim Warten auf Ersatzteile lange Ausfallzeiten entstehen. Sie kostet Nerven, weil die Probleme dann nur noch größer werden und der Kunde mit einem billigen Produkt „böse Überraschungen" erleben kann.

Stellen Sie ihm eine solche Berechnung aber ganz konkret anhand von Zahlen dar, sonst werden sie einen blauen Kunden nicht überzeugen.

Beispiel:

Ein Schlosser hat die Alternative: Gewinde – wie gewohnt – von Hand oder mit der Elektro-Gewindeschneidemaschine zu schneiden:

1 M 5-Handgewinde 25,9 sec. bei Std. 45 EUR	= 0,32 EUR
1 M 5-Maschinengewinde 1,9 sec. also 24 sec. Zeiteinsparung	= 0,02 EUR
Wirtschaftlicher Vorteil	= 0,30 EUR

Wenn der Elektro-Gewindeschneider 390 EUR kostet, hat er sich nach 1 300 Gewinden amortisiert, was der Arbeitsleistung eines Schlossers in drei Monaten entspricht.

Bringen Sie Sicherheitsaspekte ins Spiel

Der blaue Kunde möchte vor allem bei technischen Produkten kein Risiko eingehen. Hält er Ihnen entgegen, dass ein Konkurrenzangebot billiger ist, so lassen Sie sich nicht auf einen Preisvergleich ein. Streuen Sie Zweifel, ob das Angebot der Konkurrenz seinen Sicherheitsansprüchen genügt:

- „Ein Ausfall der Aufzüge wäre für die Gäste Ihres Hotels sehr unbequem. Deshalb ist es wichtig, dass die Anlage regelmäßig gewartet wird. Das ist in unserem Angebot für die Dauer von drei Jahren enthalten. Wir kommen zu jeder Tages- und Nachtzeit mit unserem Notdienst."

- „Eine neue Anlage sollte nicht so schnell kaputt gehen."

- „Natürlich, aber Sie wissen ja, wie das ist, wenn gleichzeitig auf verschiedene Knöpfe gedrückt wird. Aber durch die zuverlässige Wartung kann regelmäßig überprüft werden, dass sich keine Mängel einschleichen."

Jetzt geht es nicht mehr ums Geld, sondern um die Wartung der Anlage, und darum, mögliche Risiken, die auch der blaue Kunde so weit wie möglich ausschließen möchte, in den Griff zu kriegen.

Verkleinern Sie den Preis durch Projektion

Stellen Sie den Preis differenzierter dar, indem Sie ihn durch „Projektion" verkleinern. Das bedeutet: Setzen Sie ihn in Relation zu etwas anderem. Dafür müssen Sie im Vorfeld kleine Berechnungen anstellen, die ein blauer Kunde aber mit Interesse zur Kenntnis nehmen wird. Beispiele dafür sind:

- Projektion des Preises auf die lange technische Nutzungsdauer (Preis pro Nutzungstag, -monat, -jahr);

- Projektion der Preisdifferenz auf die längere Nutzungsdauer im Vergleich zu Wettbewerbsprodukten;

- Projektion des Mehrpreises auf die lange Dauer der Nutzung beim Kauf des Top-Produkts mit dem Top-Service;

- Projektion des „geringeren Preises" (oder des Plus-Preises gegenüber dem Billigprodukt) auf tragende Überzeugungen, auf tief verwurzelte Erwartungen des Kunden („Für nur 1 000 EUR erfüllen Sie sich Ihre höchsten Ansprüche");

- Projektion des Preises auf erzielbare Gewinne des Kunden, beispielsweise auf mögliche Steuerersparnisse, auf eventuelle Sonderabschreibungen, auf neu erschließbare Einsatzmöglichkeiten oder Absatzmärkte;
- Projektion der geringeren Preisdifferenz auf höhere Gewinne des Kunden durch das Top-Produkt: durch geringere Ausschussquoten, geringere Störanfälligkeit und Ausfallzeiten. Hierfür sollten Sie objektive Nachweise oder Tests zur Hand haben;
- Projektion des Preises auf ein deutlich höherwertiges (höherpreisiges) Produkt, zum Beispiel der „geringe" Preis für das Schmiermittel in Relation zum Preis in Millionenhöhe der zu pflegenden Maschine.

Kalkulieren Sie Streichposten ein

Kalkulieren Sie Details ein, die der blaue Kunde wieder streichen kann. So kann er den Preis mitgestalten und senken, ohne dass es an den Kern Ihres Produkts geht. Diese Taktik können Sie schon in der Präsentation beginnen, indem Sie auf diese Details hinweisen. Überlegen Sie sich schon vor den Preisverhandlungen, welche Zugaben Sie zu Ihrem Produkt machen können, die Sie anschließend ohne „Verluste" wieder streichen lassen können.

3. Fehler, die Sie vermeiden können

Ihr größter Fehler wäre, wenn Sie die Geduld verlieren, aufgeben oder sich mit dem blauen Kunden auf eine zermürbende Debatte über die Berechtigung Ihrer Preise einließen.

Sie lassen sich verunsichern

Ähnlich wie der rote Kunde versucht der blaue, Sie zu erschüttern und zu verunsichern. Allerdings weniger durch forsches Auftreten als dadurch, dass er Ihre Preise skeptisch oder gar ironisch in Frage stellt, beispielsweise durch Bemerkungen wie diese:

- „Das ist kein vernünftig kalkulierter Preis."
- „Ich wollte nicht Ihr Unternehmen kaufen."
- „Dass Ihnen der Preis nicht unangenehm ist?"
- „Nennen Sie mir doch den Stückpreis, nicht den Preis fürs Zehnerpack."
- „Das kann nicht Ihr Ernst sein."

Der blaue Kunde ist versiert in solchen Sprüchen und hat davon wahrscheinlich ein kleines Repertoire bereit. Am besten gehen Sie auf eine solche Bemerkung, wenn Sie das erste Mal kommt, gar nicht ernsthaft ein – sie ist ja selbst nicht fundiert. Auf keinen Fall dürfen Sie sich verteidigen. Kommt solch eine Bemerkung noch einmal, dann müssen Sie allerdings reagieren: „Herr Kunde, dass Sie als Experte so etwas sagen, kann ich nicht nachvollziehen. Bitte erklären Sie mir doch, was Sie damit meinen." Jetzt ist der Kunde unter Zugzwang. Allerdings sollten Sie nicht auf einer genauen Erklärung beharren. Der Kunde muss sein Gesicht wahren können.

Sie lassen sich auf einen Zahlenkampf ein

Was Sie auf jeden Fall vermeiden sollten, ist, sich auf eine detaillierte Auseinandersetzung über die Berechtigung einzelner Zahlen einzulassen. Keiner von Ihnen wird Recht behalten, keiner wird ein Einsehen haben. Sie verlieren sich im Detail, und der Kunde wird vor lauter Zahlen vergessen, warum er Ihr Produkt eigentlich kaufen wollte. Lenken Sie seinen Blick immer wieder auf den Nutzen und den Wert Ihres Produkts.

4. Preisdrücker-Taktiken blauer Kunden

Start mit Reklamationen

Der Kunde zählt auf, was beim letzten Produkt, das er bei Ihnen gekauft hat, alles nicht passte und stimmte. Sie sollten froh sein, dass er überhaupt noch einmal zu Ihnen kommt. Voraussetzung dafür sei natürlich ein saftiger Nachlass, auch um ihn für den Unbill mit den Beanstandungen zu entschädigen.

Drohung mit dem Wettbewerb

Der blaue Kunde ist bestens über die Produkte und Angebote des Wettbewerbs informiert und wird Sie gnadenlos damit konfrontieren. Dabei gibt es verschiedene Varianten:

Der blaue Kunde kann sich nicht entscheiden

Er denkt, dass er sich möglicherweise noch kein umfassendes Bild vom Markt verschafft hat und sich „voreilig" entscheidet, wenn er jetzt zustimmt. Er antwortet ausweichend: „Ich will noch andere Angebote einholen."

Sie: „Natürlich wollen Sie wissen, dass Ihre Entscheidung auf der Basis einer breiten Auswahl getroffen wurde. Sie wollen sicher sein ... Mal angenommen, Sie müssten heute eine Entscheidung treffen, Sie würden sich für uns entscheiden?"

Kunde: „Ja, das würde ich wohl schon."

Sie: „Prima, Herr Kunde, aus unserem Gespräch und Ihren Fragen habe ich entnommen, dass Sie sich bereits sehr gut auskennen ..." (Antwort abwarten)

Kunde: „Ja, ich habe mich schon informiert."

Sie: „Die wichtigsten Angebote haben Sie bereits ..." (Antwort abwarten)

Kunde: „Die wichtigsten habe ich wohl schon, das stimmt."

Sie: „Sie würden sich wohl kaum zwei Stunden mit mir zusammensetzen, wenn Sie nicht wüssten, was Sie wollen."

Es entsteht ein starker Druck auf ihn, sich zu entscheiden. Sie machen ihm klar, dass er sich bereits eine breite Übersicht verschafft hat. Der blaue Typ neigt ja dazu, sich immer noch mehr und mehr Fakten und Details zu verschaffen, ohne dass er das für seine Entscheidung tatsächlich noch bräuchte. Sie können ihm helfen, sich bewusst zu werden, dass es für eine weitere Verzögerung eigentlich keinen Grund gibt.

Der Kunde droht direkt mit der Konkurrenz

„Der Wettbewerb ist um 50% billiger."

Alternativ: Ihr Kunde wirft einen günstigeren Konkurrenzpreis in den Raum: „Bei der Firma XY gibt es das Produkt für den Preis von XX EUR." Was die Leistung der Konkurrenz tatsächlich beinhaltet, spielt für sein Argument zunächst keine Rolle.

Der blaue Kunde spekuliert darauf, dass Sie aus Angst, den Auftrag an die Konkurrenz zu verlieren, größere Zugeständnisse machen – was Sie natürlich auf keinen Fall tun sollten. Lassen Sie sich nicht beeindrucken.

Mögliche Antworten auf Drohungen mit der Konkurrenz:

- „Mhm . . ." Sie schauen zweifelnd und signalisieren nonverbal, dass Sie an der Seriosität des Angebots zweifeln.
- „Haben Sie das schriftlich?"
- „Macht Sie solch ein Angebot auch so nachdenklich wie mich?"
- „Was meinen Sie, woran dieser Lieferant sparen wird?"

- „Welche Gründe mag diese Firma wohl haben, solche Dumpingpreise zu machen?"
- „Wir kennen die Marktentscheidung. Hausintern sprechen wir von der vorletzten Stufe!"
- „Ich kann Ihnen nur empfehlen, seien Sie kritisch ..."
- „Darf ich es mal sehen?" Sie bitten um Einsicht in das Angebot des Wettbewerbers und machen sachlich Unterschiede deutlich.

Antworten wie diese verunsichern den blauen Kunden. Im Grunde will er ja nicht das billigste Angebot, sondern das qualitativ beste. Und es ist ihm auch klar, dass das billigste nicht das beste ist. Bleiben Sie also ruhig und unerschütterlich bei Ihrem Angebot.

Praxis-Tipp:

Kennen Sie die Angebote der Konkurrenz?

Um beurteilen zu können, ob der blaue Kunde Recht hat mit dem, was er über die Preise der Konkurrenz behauptet, müssen Sie diese kennen. Auch das gehört zu Ihrer Vorbereitung auf das Gespräch. Analysieren Sie die Angebote der Konkurrenz, um dem blauen Kunden darstellen zu können, aus welchen Gründen diese billiger sind.

Niemals sollten Sie allerdings die Konkurrenz schlecht machen. Das fällt immer auf Sie zurück. Zeigen Sie sachliche Nachteile und Leistungsverminderungen auf, aber reden Sie nicht schlecht über Mitbewerber.

Prüfen Sie vorher, inwieweit Ihr Produkt eine Alleinstellung im Markt genießt. Hat der Kunde überhaupt eine Alternative? Hat er keine, so signalisieren Sie ihm das indirekt.

Eine wirklich fundierte Antwort hat der englische Sozialreformer John Ruskin (1819 – 1900) parat:

„Es ist unklug, zu viel zu bezahlen, aber es ist noch viel schlechter, zu wenig zu bezahlen. Wenn Sie zu viel bezahlen, verlieren Sie etwas Geld, das ist alles. Wenn Sie dagegen zu wenig bezahlen, verlieren Sie manchmal alles, da der gekaufte Gegenstand die ihm zugedachte Aufgabe nicht erfüllen kann. Das Gesetz der Wirtschaft verbietet es, für wenig Geld viel Wert zu erhalten. Nehmen Sie das niedrigste Angebot an, müssen Sie für das Risiko, das Sie eingehen, etwas hinzurechnen. Und wenn Sie das tun, dann haben Sie auch genug Geld, um für etwas Besseres zu bezahlen."

Leitgedanken für den Umgang mit Kampf- und Dumpingangeboten des Wettbewerbs

- Analysieren Sie die Hintergründe für den einschneidenden Preisvorsprung der Konkurrenz. Liegt es an der eigenen (hohen) Kostenstruktur oder stecken marktstrategische Motive dahinter?
- Bei marktstrategisch ausgelösten Kampfpreisen heißt die erste Verkäuferpflicht: dem Kunden die Entscheidung schwer machen.
- Verunglimpfen Sie nicht den Preiskämpfer. Vermeiden Sie einen direkten, offenen Angriff.
- Lassen Sie am „inneren Entscheidungshimmel" des Kunden Wolken des Zweifels aufziehen. Das zögert seinen Absprung zumindest hinaus.
- Nähren Sie am Beispiel bedrohter „Kollegen-Firmen" des Kunden indirekt dessen Zweifel und Bedenken.
- Lassen Sie den Kunden mit bohrenden „inneren" Zweifeln alleine schmoren, bieten Sie keine vorschnellen Antworten und „Auswege" an.
- Entwerfen Sie bedrohliche Zukunftsszenarien und erschüttern Sie so das positive Bild Ihres Kunden über den Billigpreis.

- Machen Sie Ihrem Kunden den Seitensprung so schwer wie nur möglich.
- Im Notfall: Zeigen Sie Ihrem Kunden, dass Sie sein Fremdgehen zwar sehr bedauern, dass Sie es aber „betriebswirtschaftlich" verstehen und sich freuen, wenn er zu Ihnen zurückkehren wird. Signalisieren Sie dem „verlorenen Sohn" mit allen Mitteln, dass Tür und Tor offen stehen für seine Rückkehr, dass darüber eitel Freude herrschen und es keine „Anklagen", „Vorwürfe" oder „Rechthabereien" geben wird.

Was tun, wenn der Kunde tatsächlich zur Konkurrenz geht?

Wie reagieren Sie? Werden Sie sauer? Geben Sie ihm zu verstehen, dass Sie seine Entscheidung nicht nachvollziehen können? Dass er es noch bereuen wird? Dass er bei Ihnen nicht mehr anzuklopfen braucht? Meiden Sie künftig jeden Kontakt mit diesem Kunden?

Nichts von alledem! Entscheidet sich der Kunde tatsächlich für die Konkurrenz, so halten Sie ihm die Tür offen. Machen Sie ihm deutlich, dass er jederzeit zurückkommen kann, dass Sie sich freuen, wenn er Sie besucht und sich über Ihre Produkte und Leistungen informieren will. Schicken Sie ihm weiterhin Informationen, halten Sie den Kontakt. Bauen Sie auf die Zukunft. Möglicherweise muss er erst einmal weggehen, um Sie, Ihre Beratung, Ihre Produkte und Ihren Service so richtig schätzen zu lernen. Lassen Sie ihn diese Erfahrung machen.

Kommt er tatsächlich zurück, so empfangen Sie ihn natürlich nicht selbstgefällig, mit einem „Hab-ich's-doch-gleich-gewusst-Ausdruck" im Gesicht. Gehen Sie einfach darüber hinweg, dass der Kunde aushäusig war. Knüpfen Sie an die gute Beziehung an, er wird es Ihnen danken. Im Zweifel hat er selbst ein schlechtes Gewissen und ist bestrebt, Ihnen seine Wertschätzung zu zeigen. Das wird Ihnen in der nächsten Preisverhandlung zugute kommen.

Praxis-Tipp:

Denken Sie langfristig

Ein Auftrag, den Sie im Moment nicht erhalten, kann Ihnen in der Zukunft weitaus größere Aufträge bringen.

Rabattforderungen

Der blaue Kunde fordert Rabatte. Er pokert und will sehen, ob er nicht doch noch ein bisschen mehr herausholen kann. Bis zum Schluss wird er Sie im Ungewissen lassen, ob er tatsächlich bei Ihnen kauft. Bis zum Schluss wird er Ihnen das Gefühl geben, dass er es sich noch anders überlegen wird, wenn Sie ihm nicht mit dem Preis entgegenkommen.

Rabatte sind Ihr letztes Mittel. Räumen Sie nie Vorausrabatte ein, denn die geraten nach kürzester Zeit in Vergessenheit. Kommen Sie auch nie bereits bei Unterbreiten des Angebots einem blauen Kunden entgegen: „Bei uns erhalten Sie generell drei Prozent Rabatt." Für den blauen Kunden fängt die Verhandlung gerade erst an. Er wird nicht akzeptieren, dass Sie nicht weiter über Rabatte diskutieren wollen.

Praxis-Tipp:

Den Preis zu senken ist ein Gag

Doch drei solcher Gags und Sie sind pleite.

Kommt es zur Rabattverhandlung, so ist Ihre beste Strategie: Bleiben Sie völlig ungerührt. Erwidern Sie fest seinen Blick, geben Sie keine Unsicherheit zu erkennen, wenn der Kunde sagt: „Nur wenn Sie fünf Prozent Rabatt geben, kann ich mir einen Auftrag vorstellen."

Niemals dürfen Sie sofort zustimmen, sonst denkt der blaue Kunde, dass da noch mehr rauszuholen ist, und wird weiter zögern und den Preis nochmals ungeniert zu drücken versuchen. Geben Sie sich skeptisch, rechnen Sie vor, was für eine enorme Summe das ist und dass Sie diese keineswegs nachlassen können.

Kommen Sie ihm entgegen, aber mit weniger Rabatt, als Sie es vorhatten. Fordern Sie im Gegenzug von ihm eine Gegenleistung: Barzahlung, eine höhere Menge, eine längere Lieferzeit oder eine Kürzung der Garantieleistungen.

Spätestens, wenn Ihr Minimalangebot erreicht ist, müssen Sie konsequent sein. Geben Sie das deutlich zu erkennen. Läuten Sie einen Scheinrückzug ein, indem Sie Ihre Unterlagen aufräumen, Stifte einpacken und eine Miene des Bedauerns aufsetzen. Dann muss der Kunde Farbe bekennen: Will er das Produkt oder ist es ihm nicht so wichtig? Versäumen Sie es aber nicht, ihn bei der Ehre zu packen: „Jetzt haben wir an drei Terminen miteinander diskutiert und ein ganz auf Sie zugeschnittenes Produkt entwickelt. Ich kann mir nicht vorstellen, dass Sie darauf jetzt wirklich verzichten wollen."

Kauft er jetzt nicht, so müssen Sie das akzeptieren. Dann würden auch Sie nicht auf Ihre Kosten kommen.

Geeignete Rabatte

Alle Arten von Rabatten sind dem blauen Kunden willkommen. Diese beiden kommen ihm jedoch besonders entgegen:

- *Vororder-Rabatt:* Wenn der Kunde frühzeitig bestellt, dann erhält er Rabatt. Dadurch können Sie Ihren Einkauf, Ihre Produktion und Ihre Lieferung besser und günstiger koordinieren. Dem blauen Kunden kommt eine langfristige Planung gelegen, und dafür lässt er sich gerne mit Rabatt belohnen.
- *Saisonrabatt:* Der Kunde lässt sich beispielsweise seine Sommerware bereits im Winter liefern. So sparen Sie Lagerkosten und Lagerrisiko. Diese Hilfe wird mit einem Rabatt entgolten. Der blaue Kunde ist gut organisiert und kann sich rechtzeitig auf die Situation einstellen. Außerdem ist es ihm lieber, wenn er seine Ware frühzeitig hat, dann kann nichts mehr passieren.

Schlagfertig reagieren auf Nachlassforderungen oder „zu teuer"-Einwände

- „Eben weil Sie den Preis so kritisch sehen, ist für Sie die Leistung so wichtig. Hier bekommen Sie ..."
- „Der Ärger über schlechte Qualität hält meist länger an als die kurze Freude über einen (vermeintlich) niedrigen Preis."
- „Natürlich, der Preis muss stimmen, und ob er stimmt, erweist sich beim harten Dauereinsatz der Maschine, dann wenn man sich an der Zuverlässigkeit stets erfreuen kann."
- „Auch wir könnten ein billiges Produkt auf den Markt bringen, wir müssten nur am Material, an der Ausstattung, der Präzision usw. sparen. Dies wäre alles kein Problem. Doch glauben Sie, wir würden da noch unser Firmenzeichen draufmachen?"

Kunden sind anders

„Männer sind anders, Frauen auch!" So und ähnlich lauten aktuelle Titel neuerer Bücher.

Dieses Motto gilt auch für Kunden. Kein Kunde ist wie der andere. Jeder Mensch hat andere Wertvorstellungen, divergierende Ansprüche und unterschiedliche Bedürfnisse.

Während die meisten Bücher den Kunden verallgemeinern und damit lediglich die Verkaufsmethoden in den Mittelpunkt rücken, dreht sich in vorliegendem Buch alles um die Individualität des Kunden, und dies auch noch hinsichtlich des Kernthemas jeden Verkaufsgespräches: Der Preisverhandlung.

So kommt es hier zum synergetischen Zusammenspiel zweier methodischer Ansätze zur Kundengewinnung: das Preis-Know-how von Erich-Norbert Detroy und die renommierte INSIGHTS Methode® zur individuellen Einschätzung unterschiedlicher Persönlichkeitstypen von Frank M. Scheelen. Dies zum Nutzen des Lesers, des Anwenders, des Verkäufers – zu Ihrem Nutzen!

Doch nur im täglichen Einsatz kann dieses geballte Praxiswissen dem echten Profi eine Hilfe sein. Darum gilt:

„Wo, wenn nicht hier,
wann, wenn nicht jetzt,
wer, wenn nicht wir!"

Vielen Erfolg bei Ihren künftigen Preisverhandlungen wünschen Ihnen

Erich-Norbert Detroy
Frank M. Scheelen

P.S.: Scheuen Sie sich nicht, Kontakt mit den Autoren aufzunehmen, wenn Sie eine Frage haben oder gar den Wunsch verspüren, beide mal live zu erleben.

Literaturhinweise

Altmann, Hans-Christian: Kunden kaufen nur von Siegern. Landsberg am Lech

Arndt, Roland/Pfeiffer, Helmut: Das dynamische Duo: Kunde – Verkäufer. Verkaufsziele setzen und erreichen. Regensburg, Berlin

Detroy, Erich-Norbert: Sales Spirit. München

Detroy, Erich-Norbert: Sich durchsetzen in Preisgesprächen und -verhandlungen. Landsberg am Lech

Detroy, Erich-Norbert: Mit Begeisterung verkaufen. Landsberg am Lech

Detroy, Erich-Norbert: Das Powerbuch der Neukundengewinnung. Die besten Techniken, Konzepte und Strategien. Landsberg am Lech

Enkelmann, Nikolaus B.: Mit Persönlichkeit zum Verkaufserfolg. Training für Spitzenverkäufer. Regensburg, Berlin

Geffroy, Edgar K. (Hrsg.): Zukunft Kunde.com. Das Web gehört dem Kunden. Landsberg am Lech

Köhler, Hans-Uwe L.: Verkaufen ist wie Liebe. Nutzen Sie Ihre emotionale Intelligenz. Das Handbuch für Verkäufer. Regensburg, Berlin

Miller, Robert B./Heiman, Stephen E./Tuleja, Ted: Die praxiserprobte Miller-Heiman-Methode, um komplexe Verkaufsvorgänge erfolgreich zu bearbeiten. Landsberg am Lech

Scheelen, Frank M.: So gewinnen Sie jeden Kunden. Das 1x1 der Menschenkenntnis im Verkauf. Landsberg am Lech

Scheelen, Frank M./Christiani, Alexander: Stärken stärken, Talente erkennen. Landsberg am Lech

Scheelen, Frank M./Tracy, Brian: Personal Leadership – so wird Spitzenleistung möglich. Landsberg am Lech

Scheelen, Frank M./Tracy, Brian: Die ewigen Gesetze des Erfolgs. Landsberg am Lech

Scheelen, Frank M./Tracy, Brian: Unternehmer-Coaching. Frankfurt am Main

Tracy, Brian: Der neue Verkaufs-Manager. Wiesbaden

Tracy, Brian: Verkaufs-Strategien für Gewinner. Wiesbaden

Erich-Norbert Detroy

1979 gründet Detroy (Branchenkürzel: END) Detroy Consultants International (DCI). Seine Trainer sind begeisternde Persönlichkeiten und Verkaufsprofis, handeln wie echte Unternehmer und setzen damit Ihre ganze Energie für den Erfolg der DCI-Kunden ein. Ihr Motto: Begeistern. Befähigen. Bewegen. Schwerpunkte der Tätigkeit von DCI:

- Entwicklung von Vertriebsstrategien zur Marktgewinnung
- integratives Management-Training zur Weckung von Leistungsressourcen
- zielorientiertes Verkäufer-Training zur Steigerung der Verkaufseffizienz
- Motivationstagungen zur Entfesselung von begeisterndem Sales Spirit®

Weitere Informationen erhalten Sie unter:
Detroy Consultants International, Kelterstraße 10, D-71717 Beilstein
Telefon: (0 70 62) 5 85 12, Fax: (0 70 62) 57 03
E-Mail: info@detroy-consultants.de, www.detroy-consultants.de

Frank M. Scheelen

Unsere Philosophie basiert auf dem wichtigsten Gebot für die heutige Unternehmenswelt:

Wer auch in Zukunft Erfolg haben will, muss schon heute seine Stärken mobilisieren. Wir vereinen führendes Know-how auf den Gebieten Personalentwicklung, Beratung, Training und Bildungsmarketing zu einem wirksamen Gesamtsystem. Die Steigerung des Unternehmenserfolges hängt von der Verwendung der richtigen Bausteine ab. Denn für jedes Unternehmen gilt: Bei der Optimierung des Ist-Zustandes hilft nur die richtige Kombination der Hilfswerkzeuge. In unserer Arbeit nutzen wir die hohe Qualität der INSIGHTS Management Development Instruments®. Genauso erfolgreich greifen wir auf das renommierte Brian Tracy Trainingssystem zurück.

Weitere Informationen erhalten Sie unter:
SCHEELEN® Institut für Managementberatung und Bildungsmarketing
Klettgaustraße 21, D-79761 Waldshut-Tiengen
Telefon: (0 77 41) 96 94-0, Fax: (0 77 41) 96 94 20
E-Mail: info@scheelen-institut.de, www.scheelen-institut.de

Stichwortverzeichnis